Gerlee Shuuduv
Nyamsuren Oyuntseren
Oyunbileg Tsend

Implementação do planeamento das terras de pastagem na Mongólia

Gerlee Shuuduv
Nyamsuren Oyuntseren
Oyunbileg Tsend

Implementação do planeamento das terras de pastagem na Mongólia

ScienciaScripts

Imprint

Any brand names and product names mentioned in this book are subject to trademark, brand or patent protection and are trademarks or registered trademarks of their respective holders. The use of brand names, product names, common names, trade names, product descriptions etc. even without a particular marking in this work is in no way to be construed to mean that such names may be regarded as unrestricted in respect of trademark and brand protection legislation and could thus be used by anyone.

Cover image: www.ingimage.com

This book is a translation from the original published under ISBN 978-3-659-82054-0.

Publisher:
Sciencia Scripts
is a trademark of
Dodo Books Indian Ocean Ltd. and OmniScriptum S.R.L publishing group

120 High Road, East Finchley, London, N2 9ED, United Kingdom
Str. Armeneasca 28/1, office 1, Chisinau MD-2012, Republic of Moldova, Europe
Printed at: see last page
ISBN: 978-620-8-24888-8

Prefácio

A base da existência de qualquer país e nacionalidade é o território. À medida que aumenta o interesse em melhorar a vida colocando a sua terra em circulação económica, a utilização adequada dos recursos fundiários sob utilização pública torna-se uma questão prioritária a resolver.

As terras de montanha, que constituem a maior parte do nosso território total, têm sido utilizadas de acordo com o modo nómada tradicional e é evidente que este modo de utilização continuará a ser utilizado. Para o desenvolvimento futuro da Mongólia, é muito importante que se desenvolva e aplique um conceito de terras de pastagem que seja economicamente benéfico, ecologicamente seguro, baseado num território que proporcione progresso social e comunitário e que não prejudique a tecnologia tradicional de criação de animais nómadas na sociedade globalizada e no sistema económico.

A criação de gado na Mongólia continua a representar 20,6% do PNB e quase 40% do emprego. É praticada numa variedade de sistemas, desde o pastoreio nómada na zona desértica até ao pastoreio semi-nómada na estepe florestal mais fértil. Após a transição de um regime socialista centralizado para uma economia de mercado, a pecuária foi privatizada e o número de famílias de pastores aumentou acentuadamente, tendo o pastoreio uma função de rede de segurança. Como consequência da transição, os serviços sociais e pecuários deterioraram-se. O sistema de pastoreio também passou de uma gestão dos pastos controlada pelo Estado para um acesso livre, com os pastores a poderem deslocar-se para qualquer lugar e utilizar livremente os pastos. Durante a década e meia seguinte, o número de cabeças de gado registou um aumento acentuado, com um declínio acentuado em consequência dos invernos de dzud entre 2000 e 2002. O sistema de livre acesso, combinado com o elevado número de cabeças de gado, resultou numa deterioração significativa das pastagens, tornando o atual sistema de pastoreio insustentável.

A criação de gado pastoril na Mongólia é a base do fornecimento de alimentos à população, de matérias-primas à indústria e de emprego às pessoas. Além disso, aumenta as receitas de exportação e serve de base à civilização e cultura tradicionais da Mongólia. Só o sector da pecuária representa 21% do PIB, 80% da produção agrícola total e um terço da força de trabalho total. Se incluirmos todas as fases de valor acrescentado, como a venda de matérias-primas, o seu transporte, armazenamento e transformação, o sector pecuário proporciona emprego a quase metade da população da Mongólia e é, sem dúvida, a principal fonte de subsistência. As pastagens são a base da criação de gado pastoril. Anualmente, utilizamos livremente a forragem das pastagens naturais, avaliada em 3,5 a 4 mil milhões de

MNT. A utilização adequada destes recursos ricos e renováveis servirá de base para o desenvolvimento socioeconómico sustentável da Mongólia.

No entanto, ainda não resolvemos as duas questões-chave interligadas, como a segurança das pastagens e a instituição de auto-gestão dos pastores. Consequentemente, perderam-se as relações adequadas entre as terras de pastagem, o gado e os pastores, que são as principais componentes da criação de gado pastoril. Em 1960-1990, 130 mil pastores cuidavam de 24-26 milhões de cabeças de gado em 125-130 milhões de hectares de pastagens. No entanto, em 2008, 360 mil pastores cuidavam de 43,3 milhões de cabeças de gado em 113 milhões de hectares de pastagens. Nos últimos 40 anos, a área de pastagem diminuiu 15%, o rendimento das pastagens cerca de 30% (L.Natsagdorj, 2006) e a composição das espécies duplicou (D.Avaadorj, 2006). No entanto, nos últimos 20 anos, o número de cabeças de gado aumentou 1,7 vezes e o número de pastores 2,7 vezes. Esta situação conduz à deterioração ecológica, à degradação dos terrenos de pastagem e à desertificação. É evidente que a diminuição da precipitação anual nos últimos 60 anos em 8,7-12,5 por cento em comparação com a média plurianual e o aumento da temperatura anual do ar em 2,1 por cento também influenciaram este processo (Instituto de Hidrologia e Metrologia).

O autor não hesita que o trabalho de criação contribuirá para os trabalhos de investigação de investigadores e especialistas que realizam investigação no domínio das terras de montanha. Além disso, se os cientistas, os investigadores e as organizações que trabalham neste domínio tiverem algum pedido de informação, opinião ou recomendação relativamente à obra de criação ou interesse em colaborar, é favor contactar o endereço de correio eletrónico gerlee_otb@yahoo.com

Que prevaleçam as recompensas dos livros?

Autor; GERLEE Shuuduv, com o apelido de família LIGDEG

ÍNDICE DE CONTEÚDOS

Abreviatura

Aimag ….The largest administrative unit. Mongolia is divided into 21 aimags.
ALAGAC….Agency for Land Affairs, Geodesy and Cartography
Bag ………….smallest administrative unit.
Carrying capacity ….The stocking rate that achieves a targeted level of animal or economic performance over a defined
Period…….. Of time without causing a deterioration of the pasture ecosystem
Duureg ……………………Urban equivalent to soum.
Dzud …A generic term denoting a natural disaster during which livestock is not able to graze.   There are different types of dzud, including one which involves the formation of a layer of ice over grazing land,
often exacerbated by severe snowfall.
Khot ail …Primary unit of herding society comprised of cooperating households who customarily camp together and jointly possess winter/spring shelters and associated pastures.
NDVI ……………………….Normalized Difference Vegetation Index
Negdel …………………….Collective farm
NGO ………………………..Non-governmental organization
NSO………………………….. National Statistical Office
Otor …………………….….. Reserve pasture
PMP ………………………… Pasture Management Plan
PUG ……………………….…Pasture User Group
SLMCD ……………………. Sustainable Land Management for Combating
SLP ………………………… ..Sustainable Livelihood Project
Soum ……………..……….…Administrative unit at the district level
UNDP ………………….…….United Nations Development Programme

Resumo

A gestão sustentável dos terrenos de pastagem, o planeamento e a utilização adequados, a proteção e o armazenamento tornar-se-ão o pano de fundo para melhorar a vida dos pastores, proporcionar o desenvolvimento do Estado, aliviar a pobreza, reduzir a migração para a capital e não perder o equilíbrio ecológico. Por conseguinte, uma das questões mais prementes é o desenvolvimento de uma política de utilização das terras de pastagem em conformidade com o conceito acima referido e a determinação de uma oportunidade para implementar medidas complexas eficazes no que diz respeito às terras de pastagem através do planeamento dos recursos das terras de pastagem. Por esta razão, é necessário implementar a gestão sustentável das terras de pastagem, proporcionando uma gestão do ecossistema, tendo planeado corretamente as terras de pastagem e determinado uma política adequada de gestão, administração e coordenação das terras de pastagem.

Na Mongólia, as questões relativas à utilização, planeamento e gestão sustentável das terras de pastagem estão a ser cada vez mais debatidas em ligação com a amplificação da deterioração e trituração das terras de pastagem. No meu trabalho de criação, procurei investigar questões relacionadas com os terrenos de pastagem, que são um tema candente no sector da pecuária da Mongólia, no âmbito da sociedade, da economia ou da ecologia, que são o suporte do desenvolvimento sustentável, e determinar as tendências de gestão a desenvolver.

Apresentei e escrevi a situação social, económica e ecológica atual da criação de animais em 2008 no âmbito do projeto "Ouro Verde" da Agência Suíça para o Desenvolvimento e a Cooperação, informações sobre as terras de pastagem do sector da criação de animais da Mongólia, o princípio e o método de planeamento das terras de pastagem e a deterioração das terras de pastagem, juntamente com os resultados da investigação de base que são descritos no capítulo 1st do livro.

No segundo capítulo, escrevi o resultado da pesquisa realizada em relação à terra de pastagem, abastecimento de água, rendimento dos pastores, despesas e coordenação da organização dos pastores entre 222 famílias de pastores em 15 soum de 5 províncias em 2012. O território de qualquer Estado e nação é a espinha dorsal da sua independência. Quando as pessoas têm interesse em melhorar o seu nível de vida, colocando a terra em circulação económica, a utilização adequada dos recursos fundiários torna-se a questão crucial a resolver em primeiro lugar.

No sistema socioeconómico globalizado de hoje, é muito importante para o desenvolvimento futuro da Mongólia, sem destruir as práticas tradicionais nómadas de criação de gado, desenvolver e aplicar um conceito de gestão das pastagens adaptado a essas práticas, com base no território e nas comunidades, que seja economicamente eficiente, respeitador do ambiente e que apoie o progresso social.

Por conseguinte, o desenvolvimento de uma política de utilização das pastagens em conformidade com este conceito e a aplicação da futura política de desenvolvimento do país no seu conjunto, dos aimags e das zonas rurais através do planeamento das pastagens e da adoção de medidas eficazes e complexas para as questões relacionadas com as pastagens tendem a ser um dos problemas urgentes.

A este respeito, é necessário definir uma política e tomar medidas para uma gestão adequada das pastagens, a fim de tornar o plano de utilização das pastagens eficiente e adaptado à gestão dos ecossistemas.

A investigação sobre a utilização das terras de pastagem, a gestão das terras de pastagem, a organização cooperativa, a legislação pastoril, a criação de gado e o serviço de criação de gado e os seus resultados, bem como a economia e o estatuto social dos pastores no âmbito da investigação, foi realizada em 5 províncias, incluindo 15 subprovíncias.

Como resultado desta investigação, as terras de pastagem estão a piorar devido à utilização arbitrária e não planeada das terras de pastagem, para se aproximarem dos rios, à utilização excessiva da capacidade de carga devido a actividades humanas deficientes. O desenvolvimento insustentável deste sistema de pastoreio pastoral está a deteriorar a resiliência das pastagens e a sua capacidade de superar os riscos naturais e climáticos está a enfraquecer. Devido à falta de um sistema adequado de comercialização de produtos animais, o preço dos produtos animais está a flutuar e o risco está a aumentar, o que constitui a principal razão para a deterioração dos meios de subsistência, o aumento da pobreza e do desemprego. Tudo isto tem um impacto negativo no desenvolvimento socioeconómico do país. A organização de agregados familiares de pastores distribuídos de forma dispersa em instituições comunitárias servirá de base para resolver os problemas difíceis acumulados na criação de gado nómada.

Resultado da investigação 64,3% dos participantes no inquérito responderam que as pastagens estão de alguma forma degradadas, o que está de acordo com a conclusão da investigação dos cientistas, segundo a qual mais de 70% das pastagens da Mongólia estão degradadas. 68,5% dos pastores relacionam a degradação das pastagens com o aumento do número de animais e a concentração de muitos animais no mesmo local; 31,5% relacionam-na com as alterações climáticas. Os resultados do inquérito indicam que os factores humanos, tais como a utilização caótica, desorganizada e menos planeada das pastagens, a deslocação apenas perto do rio e a capacidade de carga excedida, influenciam a degradação das pastagens. Isto está relacionado com a falta de certificação do direito de posse do pasto e com a falta de uma boa organização da comunidade de pastores. 40% dos litígios relativos às pastagens resultam da falta de definição dos limites das pastagens, 41% devem-se à falta de negociação entre os pastores e 19% devem-se a deslocações de outros soums.

Este resultado indica que o litígio se deve ao facto de os limites das pastagens não estarem bem definidos e de os pastores não estarem bem organizados para a utilização das pastagens. Os pastores pensam que quanto maior for o número de pastores e de animais, melhor será a definição dos limites das pastagens. Para resolver este problema, 87% do total dos pastores desejam certificar legalmente o seu atual direito de posse das pastagens.

Os resultados da investigação revelam que 63,5% dos pastores responderam que o serviço veterinário do soum é muito mau ou melhor do que nada e que o serviço veterinário é insuficiente. Há necessidade de formação em veterinária e criação de animais; os pastores têm interesse em melhorar os seus conhecimentos, estudando uma pessoa entre os HG em veterinária. Os pastores têm interesse em participar em acções de formação sobre veterinária e criação de animais, melhorar os seus conhecimentos, estudar veterinária com uma pessoa de entre os HG.

De acordo com a resposta de 54% dos criadores que trocam os caprinos e ovinos machos com as famílias vizinhas, o trabalho de criação de animais é desorganizado, pelo que a qualidade da raça animal está a piorar e isso está a influenciar a qualidade e o benefício do animal. 64% dos pastores responderam que a qualidade dos seus animais é boa e isso é a prova disso.

É necessário um reforço das capacidades dos pastores em matéria de veterinária e de criação de animais para melhorar os benefícios da criação de animais. Pensamos que uma forma de resolver este problema é a preparação de "conselheiros de pastores" e a criação de um sistema de extensão baseado na auto-organização dos pastores.

46,8% dos pastores responderam que o seu rendimento familiar é insuficiente para a sua vida. Por conseguinte, os pastores querem ter outro tipo de rendimento, como a exploração de pequenas e médias fábricas e o cultivo de batatas e legumes para melhorarem os seus meios de subsistência. 92,5% dos pastores têm interesse em colaborar com outros pastores, 62% expressaram que querem usar o seu pasto em colaboração com outros, e colaborar com outros pastores no movimento de acampamento (otor). Para obter este resultado, é necessário criar uma cooperação e uma comunidade baseadas no pasto. Neste caso, é possível diminuir as disputas de pasto em 41%. 47% da comunidade de pastores sugeriu o apoio de uma formação, gestão e organização. É possível obter informações pormenorizadas a partir do relatório do inquérito. Tal como indicado no contrato de projeto, as seguintes actividades estão reflectidas no plano. **Na primeira fase**. **Na segunda fase**: seminário e formação com a participação de especialistas em criação de animais, gestores de terras, líderes de HG selecionados, especialistas em agricultura de pequena e média escala e criação de animais de aimag.

Para a realização desta investigação, foram selecionadas as aldeias

Tsenkhermandal, Delgerkhaan e Darkhan do aimag de Khentii; as aldeias Dashinchilen, Gurvanbulag e Rashaant do aimag de Bulgan; Battsengel, Ulziit e Ogiinuur soums do aimag de Arkhangai; Tsetserleg, Tsagaan-Uul e Burentogtokh soums do aimag de Khuvsgul; Tseel, Tsogt e Altai soums do aimag de Govi-Altai; no total, 15 soums de 5 aimags.

No terceiro capítulo, analisam-se todos os resultados da investigação e estuda-se a situação atual da utilização e do planeamento das pastagens na Mongólia nos últimos 10 anos
e determinou um método para melhorar a gestão sustentável das terras de pastagem com base nos materiais de investigação realizados entre 2005 e 2015 nos domínios social, económico e ecológico, da gestão das terras de pastagem, do planeamento e do estatuto de participação dos pastores.

1 GESTÃO DAS PASTAGENS NA MONGÓLIA

1.1 Informações de base sobre a criação de animais de pastoreio na Mongólia

1.1.1 Estado geral do ambiente e das condições meteorológicas na Mongólia

A Mongólia, que tem um território de 1,56 milhões de km2, é um país de montanha em que cerca de 85% da sua área se situa a mais de 1000 m (acima do nível do mar), estando a maior parte entre 1000 e 1500 m. O ponto mais baixo (552 m acima do nível do mar) é o lago salgado khokh nuur, a leste. Os picos da cordilheira de Tavan Bogd, a oeste, atingem os 4354m.

Temperaturas

Em toda a Mongólia, o clima é extremamente continental. As temperaturas variam muito, tanto diariamente como anualmente. julho é o mês mais quente, com temperaturas médias entre os 15°C nas montanhas e os 20-30°C nos semi-desertos e desertos do sul. As temperaturas mais baixas registam-se em janeiro, com médias mensais inferiores a -15°C e temperaturas mínimas tão baixas como -40°C. A temperatura média anual em Ulan Bator é de -0,8°C. A precipitação média em todo o país é de cerca de 230 mm por ano. A precipitação é geralmente baixa e varia significativamente entre as diferentes zonas ecológicas. Varia entre menos de 50 mm por ano no extremo sul (região do deserto de Gobi) e cerca de 500 mm por ano em certas zonas do norte. O clima seco torna a Mongólia particularmente suscetível à seca e ao rápido esgotamento dos recursos naturais. Já se registaram alterações climáticas significativas. As temperaturas médias anuais do ar na Mongólia aumentaram entre 1,90°C e 2,10° (Figura 1.1)

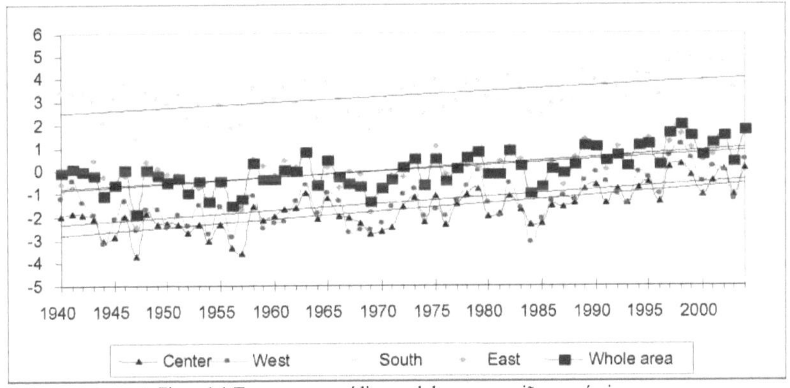

Figura1.1.Temperatura média anual do ar por região económica.
Fonte: Natsagdorj (2006)

Precipitação

Nos últimos 65 anos, a precipitação anual diminuiu 8,7-12,5% nas regiões central e desértica e aumentou 3,5-9,3% nas regiões ocidental e oriental, respetivamente (Figura 1.2). Devido às temperaturas mais elevadas, prevê-se que se perca mais água para a atmosfera através da evapotranspiração. O impacto será muito mais grave nas regiões onde a precipitação diminuiu e a temperatura aumentou do que nas regiões ocidentais e orientais onde se registou um aumento da precipitação.

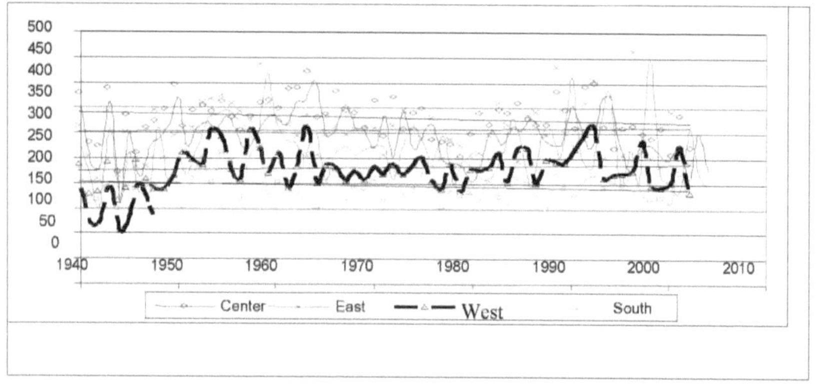

Figura1.2.Precipitação anual por região económica.
Fonte: Natsagdorj(2006)

A seca também aumentou significativamente na Mongólia nos últimos 60 anos. As piores secas ocorridas nos verões consecutivos de 1999-20002 afectaram metade do território.

Isto significa que, para além dos factores induzidos pelo homem, as alterações climáticas devem ser consideradas como um possível fator de degradação das pastagens.

O território constituído pelos prados da Mongólia pode ser dividido em cinco zonas ecológicas, nomeadamente alta montanha, estepe florestal, estepe, estepe desértica e deserto, cada uma com terreno, clima, flora e fauna marcadamente diferentes.

A área total de pastagens diminuiu de 130 milhões de hectares na década de 1930 para 112 milhões de hectares em 2007 (Dorligsuren, D, 2008), mas registou uma forte flutuação nas duas últimas décadas. O aumento acentuado das pastagens entre 1991-1995 e 1996-2000 está associado à alteração introduzida na classificação das terras ao abrigo da Lei de Terras em 1998, que permitiu a utilização de rotas para a condução do gado dos aimags para o matadouro em Ulaanbaatar e de zonas-tampão de áreas protegidas para pastagem (Livelihood Study of Herders in Mongolia, 2010).

Em 2008, existiam 61 áreas protegidas, compreendendo 21.832.321ha ou 14% de todo o território. A Lei das Áreas Protegidas (1994) e a Lei das Zonas Tampão das Áreas Protegidas (1997) constituem o quadro jurídico das áreas protegidas. De acordo com estas leis, as zonas protegidas incluem zonas estritamente protegidas, parques nacionais, reservas naturais e monumentos naturais.

As regras gerais que regem as actividades de proteção das zonas estritamente protegidas e dos parques nacionais foram confirmadas pela resolução governamental n.º 169 de 1995. De acordo com estas regras, em caso de condições meteorológicas adversas, a Organização Central da Administração Estatal, responsável pelo ambiente, a administração local e a administração das zonas protegidas, deve discutir e coordenar o pastoreio do gado, a produção de feno e outras actividades conexas nas zonas protegidas, emitindo regras temporárias em conformidade com as leis e regulamentos em vigor. No entanto, não existem informações fiáveis sobre quando, em que áreas protegidas e em que medida estas actividades foram implementadas.

1.1.2 Situação social e económica geral da Mongólia
1.1.2.1   Números de animais

As mudanças estruturais a nível nacional na Mongólia começaram imediatamente após as eleições democráticas de 1990. A privatização dos bens colectivos teve lugar em 1992. A reação imediata às novas disposições em matéria de propriedade foi o aumento do número de famílias proprietárias de animais e do número de animais de cada família, como forma de aumentar o rendimento.

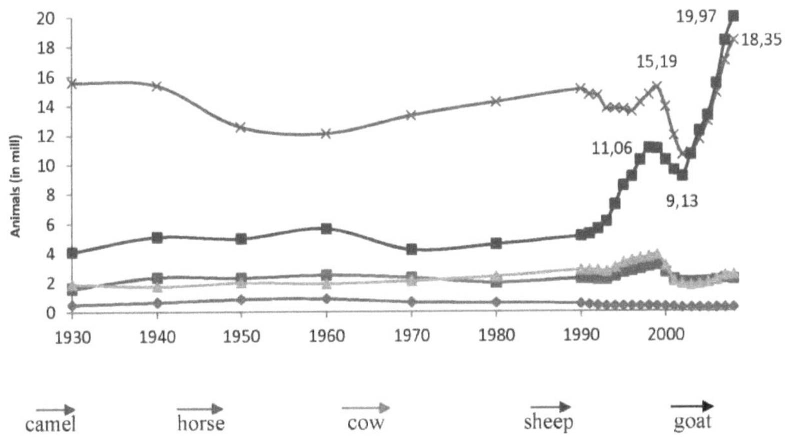

Figura 1.3; Variação do número de efectivos pecuários na Mongólia
Fonte: Dorligsuren.D, (2010)

O número de animais e a composição dos efectivos por espécie mantiveram-se relativamente constantes até à década de 1980. No entanto, a partir de 1990, o número de animais começou a registar fortes flutuações, tanto em termos de efectivos totais como de unidades de ovinos. Durante a década de 1990, registou-se um crescimento exponencial do efetivo nacional, impulsionado pelo aumento do número de caprinos, ovinos, equinos e bovinos. Durante o ano de pico de 1999, o efetivo nacional atingiu 33 569 000 cabeças de gado (ou 71 992 510 unidades de ovinos), o que representou mais 10 milhões de cabeças de gado do que em 1980 (23 771 400 cabeças ou 49 578 630 unidades de ovinos). Após uma série de invernos de dzud, o efetivo caiu drasticamente para 23 897 600 cabeças (45 351 020 unidades de ovinos) em 2002. Em 2008, o efetivo recuperou para 43 228 400 cabeças (67 995 460 unidades ovinas). No entanto, este aumento do efetivo pecuário foi apoiado pelo aumento do número de ovinos e caprinos, enquanto o número de espécies pecuárias de grande porte permaneceu inferior em 14-16% ao nível de 2002. Por outras palavras, o aumento do número de animais nos últimos anos não compensou a perda de animais durante o dzud de 2000-2002 (estudo sobre os meios de subsistência dos pastores na Mongólia, 2010).

Para além das flutuações quantitativas, podem ser observadas alterações qualitativas na composição dos efectivos. As cabras são o principal fator da dinâmica de crescimento nos últimos 18 anos. Embora todas as espécies de gado tenham sofrido perdas graves durante os invernos dzud de 19992002, a população caprina foi a que recuperou mais rapidamente. Em 1990, o rácio ovinos/caprinos era de 3:1, mas em 2003 o rácio era de 1:1, com a tendência atual de os caprinos ultrapassarem os ovinos. Os animais de grande porte, como os bovinos e os equídeos, recuperaram lentamente do impacto dos invernos de dzud e, em 2008, o seu efetivo estava quase ao nível de 1990.

1.1.2.2 Alteração dos padrões de migração

O âmbito e a frequência dos movimentos dos pastores variam entre as diferentes zonas agro-ecológicas. São mais frequentes nos sistemas de pastoreio sem equilíbrio do deserto e da estepe desértica. No sistema de pastoreio em equilíbrio da estepe florestal, os movimentos interanuais só são necessários em circunstâncias muito excepcionais. As deslocações sazonais continuam a ser muito necessárias, mas são geralmente efectuadas em distâncias curtas, de 2 a 15 km. Nos sistemas mistos de equilíbrio-desequilíbrio da estepe e da zona de alta montanha, os movimentos interanuais não são uma caraterística regular, mas são necessários em anos maus. Os movimentos sazonais envolvem distâncias muito mais longas do que na zona de estepe florestal (Livelihood Study of Herders in Mongolia, 2010). Os movimentos inter-anuais e sazonais frequentes são uma caraterística combinada da estepe desértica e da zona desértica e estendem-se por longas distâncias e períodos de tempo, com os pastores por vezes a não regressarem aos seus acampamentos de base durante vários anos. Dentro de uma área de pastagem sazonal, os pastores deslocam os seus rebanhos e acampamentos três a cinco vezes por ano para diferentes áreas de pastagem com base na quantidade de forragem, na qualidade e disponibilidade de água e em factores sociais.

1.1.2.3   O papel do Estado

Sob uma economia centralmente planeada e uma governação central (1960-1990), 70% do total do gado era propriedade do Estado ou das suas cooperativas. As políticas estatais tinham como objetivo melhorar os serviços prestados aos pastores, aumentar o número de animais, melhorar a qualidade das raças, prestar serviços veterinários aos animais, produzir e fornecer produtos pecuários, evitar a perda de gado devido a riscos naturais e reforçar as capacidades. O orçamento do Estado atribuiu um investimento substancial ao sector da pecuária.

Esta transição transformou profundamente os quadros políticos e sociais do país. No âmbito da transição, muitos bens do Estado foram privatizados entre 1992 e 1994, entre os quais o gado e os bens das colectividades. As colectividades e as explorações agrícolas estatais foram desmanteladas. O sector pecuário teve de se adaptar à nova realidade da economia de mercado.

Não só as estruturas públicas de apoio à criação de gado se deterioraram após a transição, como também as despesas públicas com a produção pecuária e a agricultura diminuíram drasticamente. Nos últimos cinco anos, o nível de investimento no sector pecuário aumentou 3,4 vezes (Quadro 1.2), com as despesas na agricultura a tornarem-se mais importantes do que no sector pecuário. No entanto, tem havido pouco investimento na proteção, melhoria e utilização adequada das pastagens (Livelihood Study of Herders in Mongolia, 2010).

Quadro 1.1; Investimento do sector da criação de animais em 2004-2008, milhões/ tugrik

Arrangement		Annual fulfilment / million/ mugrik/				
		2004	2005	2006	2007	2008
Amount of Investment		10126.4	10002.9	13907.5	35122.3	86798.1
Hereof, sector of animal husbandry		7674.7	7111.0	9384.8	20412.8	26072.6
Hereof	To make Line breed	910.0	310.5	75.2	469.5	1166.2
	To develop for intensive farming	62.5	294.5	294.5	899.8	1040.0
	To make an arrangement for veterinary	4872.2	5098.5	5167.3	5235.0	7365.1
	Pasture plant protection	950.0	650.0	647.8	1002.7	2001.3
	Maintenance of wells and water point	880	757.5	3200.0	11609.2	9500.0
	Facility and equipment for haymaking	-	-	-	1196.6	5000.0

1.1.2.4 Descentralização

Desde 1990, a Mongólia registou progressos significativos na criação de uma democracia descentralizada. A política governamental promove o desenvolvimento regional e rural, aumentando a responsabilidade e a eficácia das instituições do sector público a todos os níveis e oferecendo aos cidadãos uma maior oportunidade de controlar diretamente o desempenho da sua Assembleia Representativa dos Cidadãos eleita.

No entanto, a nível subnacional, o sistema de transferências intergovernamentais atualmente em vigor não criou autonomia fiscal por três razões principais: (1) Existem grandes assimetrias entre as responsabilidades de despesa dos governos locais e a sua autoridade de tomada de decisões; (2) Os governos locais têm pouca ou nenhuma capacidade para angariar receitas próprias; e (3) O sistema de transferências intergovernamentais do qual os governos subnacionais dependem para a esmagadora maioria das suas receitas é imprevisível e injusto (Banco Mundial, 2002).

Por conseguinte, a Mongólia tem-se caracterizado por uma descentralização política substancial, embora incompleta, com pouca descentralização administrativa e praticamente nenhuma descentralização fiscal (McLean, 2001). Também tem feito poucos progressos na partilha de responsabilidades e de poder com as instituições da sociedade civil.

1.1.2.5   A população pastoril

Após a transição para a economia de mercado e a privatização dos efectivos pecuários, o número de famílias de pastores quase duplicou, passando de cerca de 147.000 para 284.000 em 1995, tendo depois diminuído de forma constante para cerca de 226.000 em 2007. Em 2008, 366.190 pessoas estavam ativamente envolvidas na pastorícia, o que representa 13,7% da população total e 34,8% da população economicamente ativa. O número de agregados familiares de pastores aumentou em todos os aimags, especialmente em Arkhangai, Uvurkhangai e Khuvsgul, onde se concentram 26% de todos os pastores da Mongólia. A dimensão média de uma família rural é de 4,8 pessoas, o que significa que as famílias de pastores têm, em média, mais de dois pastores.

A principal razão subjacente a esta tendência é o facto de a maioria dos pastores preferir enviar os seus filhos para o estrangeiro para frequentarem o ensino superior, a fim de poderem obter bons empregos. Um inquérito realizado em 2004 junto de 730 pastores é prova disso: Questionados sobre os seus desejos para o futuro dos seus filhos, 43,4% disseram que gostariam de os ver a frequentar o ensino superior, 35% disseram que respeitariam a decisão dos seus filhos e apenas 12,7% disseram que gostariam que os seus próprios filhos se tornassem pastores (Open Society Forum, 2004).

A diferença de rendimentos entre pastores ricos e pobres aumentou entre 1992 e 1995, e ainda mais desde 1995 (Instituto Nacional de Estatística e Banco Mundial, 2001:28). Um dos indicadores de riqueza dos pastores é o número de cabeças de gado, que está relacionado com o seu rendimento. Os dados relativos ao período de 1990 a 2007 mostram que o número de agregados familiares de pastores que possuem poucos animais aumentou; 46,7% dos agregados familiares de pastores tinham menos de 50 cabeças de gado e possuíam apenas 11,5% dos animais; 35,1% dos pastores possuíam mais de 200 animais e detinham 71,6% do total de animais (Livelihood Study of Herders in Mongolia, 2010).

A migração da população das zonas rurais para as zonas urbanas aumentou. Um total de 68 800 pessoas, muitas das quais eram pastores que perderam o seu gado durante os dzuds de 2000-2002, mudaram-se para Ulaanbaatar em 2004.

Em 2007, havia 366.200 pastores com 40,2 milhões de cabeças de gado em todo o país. De acordo com a norma do período cooperativo, um pastor podia cuidar de 160 animais. Com base neste número, estima-se que são necessários 251.600 trabalhadores para pastorear 40,2 milhões de cabeças de gado. Isto significa que o sector da pecuária pode ter mais 114.600 trabalhadores do que o necessário, o que representa uma taxa de subemprego de 31,3% no sector da pecuária.

1.1.2.6 Receitas e despesas

Os dados sobre os rendimentos e as despesas das famílias de pastores são escassos porque os inquéritos nacionais às despesas não dividem a população rural em pastores e outros residentes rurais. Por conseguinte, basear-nos-emos principalmente no inquérito ao consumo de 125 famílias de pastores referido na introdução.

O salário mínimo mensal fixado pelo Governo da Mongólia é de 192000 MNT. Uma família de pastores necessita de mais de 200 animais para gerar um rendimento equivalente ao salário mínimo. Sessenta e cinco por cento das famílias de pastores, ou seja, 111300 famílias de pastores, têm menos de 200 animais e, por conseguinte, ganham, em média, menos do que o salário mínimo (dados recolhidos no inquérito a 125 famílias).

As despesas dos pastores são subdivididas em dois grupos: investimento produtivo e consumo. O facto de a composição das despesas ser uma função da riqueza, com as famílias com mais animais a poderem fazer investimentos produtivos, é mais elevado entre os proprietários de grandes rebanhos do que entre os pastores de pequena escala (Livelihood Study of Herders in Mongolia, 2010).
De acordo com os dados dos clientes do Khan Bank (Figura 1.4), verifica-se uma tendência geral para o aumento do volume de empréstimos, que pode ser parcialmente atribuída à descida das taxas de juro.

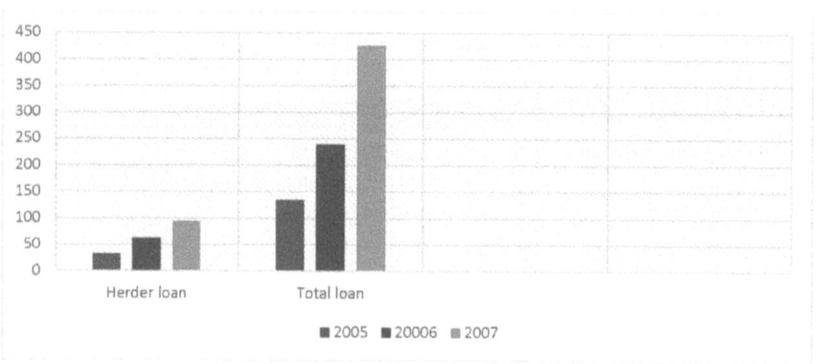

Figura 1.4: Empréstimos do Khanbank pelos pastores.
Fonte:KhanBank

O volume de empréstimos concedidos aos pastores tem vindo a crescer de forma aproximadamente proporcional ao volume global, representando 22% do volume de empréstimos concedidos pelo Khan Bank em 2007. 62851 pastores contraíram empréstimos no valor de 94,4 mil milhões de MNT, com uma taxa de juro mensal média de 3,7% e uma duração máxima de 12 meses. O valor médio de um empréstimo a um pastor é de milhões de MNT, pelo que cada pastor paga 1,5 milhões de MNT, ou seja, cada pastor paga 55500 MNT de juros.

1.1.3 Alteração da área legal de cultivo

Desde a década de 1960, a economia pecuária estava sob controlo do Estado. Durante o período socialista, todas as propriedades eram propriedade do Estado e as colectividades repartiam as pastagens de acordo com os direitos pastoris consuetudinários. As brigadas e as reuniões colectivas resolviam os litígios relacionados com as pastagens no âmbito de um acordo interterritorial de utilização das terras. De 1960 a 1990, as colectividades impuseram migrações sazonais e de emergência e geriram os riscos naturais através do fornecimento de forragens secas e da criação e gestão de áreas de reserva (Livelihood Study of Herders in Mongolia, 2010).

Na sequência da transição de 1990, as colectividades foram dissolvidas e os seus bens e gado privatizados. No entanto, a Constituição promulgada em 1992 manteve a propriedade estatal das pastagens. O n.º 5 do artigo 5.º da Constituição também atribui um estatuto especial ao gado, declarando-o "riqueza nacional sujeita à proteção do Estado". A gestão das pastagens foi regulamentada pela Lei de Terras, promulgada em 1994 e revista em 1998 e 2002. De acordo com esta lei, os governadores dos soum e duureg são responsáveis pela atribuição anual de pastagens sazonais para uso coletivo, tendo em consideração as sugestões dos pastores (n.º 2 do artigo 52.º); as terras utilizadas para os acampamentos de inverno e de primavera podem ser partilhadas pelas comunidades domésticas (n.º 7 do artigo 52.º).

As disposições legais actuais, combinadas com a insuficiência dos recursos públicos dedicados à economia pecuária e a falta de capacidade administrativa a nível local para a aplicação dessas disposições legais, conduziram a um sistema de acesso livre de facto. Por outras palavras, a gestão das pastagens é reduzida ou inexistente.

1.2 Planeamento e coordenação - situação atual das terras de cultivo na Mongólia

1.2.2 Início e desenvolvimento da utilização e planeamento das terras de pastagem da Mongólia

A tradição histórica dos mongóis de se dedicarem à criação de pastagens tem origem no estado de Hunnu, que possui caraterísticas tão ricas e clássicas e uma história de desenvolvimento com mais de 2200 anos. Segundo a História Secreta da Mongólia, a gestão atual das terras foi iniciada pelo rei Uguudei, que tomou a decisão de coordenar as questões relacionadas com as terras de cultivo, tendo nomeado uma pessoa local de cada milhar para dividir e escolher o território. Na história, nota-se que as caraterísticas das terras foram controladas e que foi feita uma avaliação, exceto no que diz respeito à posse das terras, como o rei Yesuntumur, que enviou um enviado várias vezes e examinou o estado das terras em 1324. Em 1328, foi criada pela primeira vez uma organização que era exclusivamente responsável pelas terras de pastagem para o gado na Mongólia.

Assim, os mongóis têm vindo a coordenar as terras de pastagem de acordo com a política estatal {73}. No século XVIII, as terras de pastagem da Mongólia foram objeto de uma escala de propriedade detalhada. De 1797 a 1795, os reis, senhores e altos funcionários do Estado e da região de Khalkha reuniram-se cerca de 20 vezes, discutiram e legalizaram a propriedade territorial na lei "Khalkha rule". Havia uma tradição de dar um peso especial à coordenação do rácio de terras durante os anos da Democracia de Base no âmbito da lei. Incluindo: Resolução do Governo de 1936 "Sobre a utilização das terras de cultivo", "Procedimento dos mongóis para a utilização do território e das terras de cultivo dentro das fronteiras do país" (1928), "Regulamento temporário para a utilização das terras de cultivo e da água" (1935), Lei da Posse de Terras da República Popular da Mongólia" (1942, 1971) e "Lei das Terras da Mongólia" (1994) foram validamente aplicadas.

Jagvaral.N (1979) deixou uma nota sobre a utilização programada dos terrenos de cultivo, citando o Dalaichoinkhor khoshuu da província de Sain Noyon Khan sobre a atribuição e a propriedade do território e dos terrenos de cultivo para as explorações agrícolas, de acordo com as cabeças de gado. Não só os bairros de inverno e de primavera ou os respectivos terrenos de cultivo, pertencentes a uma ou várias famílias, não podem ser utilizados voluntariamente por outra família sem razões válidas, como também o limite dos terrenos de cultivo dos bairros de inverno e de primavera de outras famílias era determinado por fronteiras naturais.

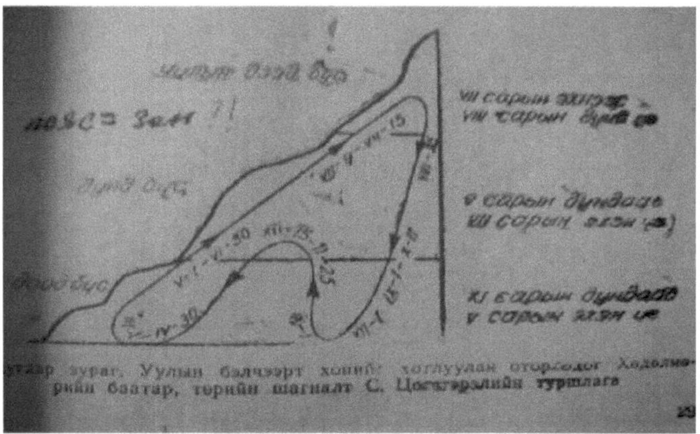

Figura 1.5; Mapa de planeamento da gestão das pastagens
Fonte; S.Jigjidsuren, 2005

Dado o aumento das questões sociais e económicas relacionadas com a posse da terra, é necessário que esta seja gerida pelo Estado, o que é considerado e, de acordo com a resolução do Conselho de Ministros da República Popular da Mongólia de 1954, com o número 392, o Ministério da Pecuária foi incumbido de realizar trabalhos que incluem a gestão das terras, a irrigação das terras e a criação de pastagens. De acordo com a resolução do Conselho de Ministros, n.º 454, de 3 de setembro de 1954, a coordenação do Ministério foi reformada e determinada, tendo sido criado o primeiro Departamento de Gestão de Terras, que constituiu a base do ordenamento do território do nosso país.

O planeamento do ordenamento do território que foi executado durante a economia de planeamento central foi executado por dois tipos principais, incluindo o projeto de ordenamento do território entre entidades empresariais e o projeto de ordenamento do território dentro das entidades empresariais que foi feito na República Socialista Federativa Soviética. Estes projectos de planeamento estavam em conformidade com o sistema de gestão baseado no método de cima para baixo desse período e também o planeamento que está em conformidade com a política de terras "para utilizar a terra completamente de acordo com o plano aprovado" usando o método de gestão da economia centralmente planeada. O plano de gestão de terras desse período apenas calculava a possibilidade de aumentar o volume de produto a ser colhido por hectare, mas não considerava quaisquer consequências que pudessem ocorrer na terra, dependendo da utilização a longo prazo.

O plano foi desenvolvido e implementado utilizando o método de planeamento não resiliente, que consiste na ausência de uma oportunidade de fazer alterações ou enriquecimentos com base na estimativa económica de um modelo.

É possível considerar que o desenvolvimento do planeamento de terrenos de cultivo passou e desenvolveu-se através das 3 fases seguintes.

- Planeamento das terras de cultivo antes do plano central. (antes de 1960)
- Planeamento das terras de cultivo durante a economia centralizada. (de 1960 a 1990)
- Planeamento das terras de cultivo durante o início da economia de mercado (de 1990 até agora)

1.2.3 Fase de planeamento do desenvolvimento das pastagens

Antes de 1960, a Primeira Constituição de 1924 adoptou uma lei segundo a qual a terra deve ser propriedade do Estado e proibida de ser propriedade privada. Em março de 1921, foi debatida a questão da cobrança de impostos sobre as terras de cultivo, campos de feno e terras de cultivo arrendadas a estrangeiros, tendo sido decidido que era adequado elaborar um novo regulamento sobre o arrendamento de terras na Mongólia com o Bogd King. [102].

É preciso ter em conta que a primeira lei sobre a propriedade fundiária, de 1942, se tornou um documento legal que adoptou uma lei relativa à coordenação das terras de cultivo, das terras de cultivo e das terras hortícolas e uniu e colocou num único sistema as leis e regulamentos de 1928, 1933 e 1935. O número médio anual de cabeças de gado entre 1933 e 1959 foi de cerca de 23,1 milhões e de 38 ovelhas por 100 hectares de terras de cultivo. O planeamento das terras de cultivo foi implementado nesse período com base no método e mecanismo a ser coordenado pelo Estado, utilizando o método económico.

De 1960 a 1990: As áreas de pastagem foram utilizadas de forma adequada e evitou-se a sua deterioração através de uma regulamentação centralizada dos efectivos pecuários (preparação pelo Estado), do intercâmbio de áreas de pastagem e da sua utilização de acordo com o calendário. Nessa altura, quando a maioria dos agricultores do país aderiu à Cooperativa Agrícola e a nacionalização do gado foi concluída, o planeamento das terras de pastagem foi organizado por soum ou cooperativa e a migração dos pastores foi organizada de acordo com um calendário geral.

A segunda Constituição foi adoptada em 1960 e nela foi incluída uma cláusula segundo a qual a terra e os seus recursos são propriedade do Estado, pelo que é permitido obter gratuitamente e sem prazo de validade a cooperação agrícola. Os princípios abaixo mencionados foram observados aquando da atribuição de terrenos aos sindicatos.

- É constituído por uma peça única cuja dimensão, intervalo e forma do terreno económico estão em conformidade com a produção em curso;
- Determinar a formação económica subordinada que é possível utilizar completamente a terra e desenvolver-se mais;
- O terreno onde o soum e a cooperativa estão centralizados deve ter boas relações de estrada, ser adequado para construir edifícios e ter água potável de alta qualidade;

A segunda lei sobre a posse de terras foi adoptada em 1971, tendo em conta as novas instalações fabris e mineiras, as explorações agrícolas estatais, os sindicatos agrícolas, os campos de feno e a importância dos deveres a cumprir para uma utilização e proteção adequadas, mas não existia qualquer ato, documento, desenho ou decisão válida aprovada pelo Governo que mostrasse as fronteiras da província e do soum. Não só as terras de pastagem são atribuídas a áreas parcialmente sedentárias em função da localização geográfica do território, das caraterísticas climáticas, do abastecimento de água e do tipo e número de cabeças de gado, como as brigadas tentam não entrar nas terras dos outros durante o seu arranjo.

Por conseguinte, o soum e a cooperativa implementaram medidas de utilização adequada, utilizando, por um lado, o intercâmbio, o relaxamento e a melhoria das terras de pastagem e, por outro lado, limitando as cabeças de gado através do plano de preparação do gado do Estado fornecido à província, ao soum e à cooperativa. Durante o período de 30 anos, o número de cabeças de gado foi, em média, de 23,3 milhões por ano e de 39 ovelhas por 100 hectares de terra.

Havia a vantagem de o planeamento das terras de pastagem ter sido implementado com base num mecanismo de coordenação do planeamento centralizado, utilizando o método administrativo do Estado, e os chefes de gado estavam limitados a um nível, mas foram criados pontos de "famílias" para a deterioração das terras de pastagem em torno de cidades, áreas sedentárias ou pontos de irrigação.

Desde 1990 até à atualidade: O método ou a tecnologia de utilização perdeu-se devido à incapacidade de criar uma gestão de terras de pastagem que seja adaptável à utilização das terras de pastagem na coordenação do mercado, a capacidade de carga das terras de pastagem foi excedida e a deterioração aumentou (44,5 ovelhas por 100 hectares). De acordo com a Nova Constituição, adoptada em 1992, os pastores e os trabalhadores têm tido propriedades privadas durante a transferência para a economia de mercado através da privatização de propriedades cooperativas e sociais, dependendo da crise social, política e económica. Em função do acima exposto, torna-se inadequado o método que foi organizado pelo método centralizado administrativo do Estado e as terras de cultivo que estão sob a propriedade pública têm-se deteriorado muito nos últimos anos.

Existe uma rutura permanente de direitos entre o Estado, proprietário das terras de pastagem, e o proprietário privado, utilizador das terras de pastagem, pelo que foi necessário encontrar um método de gestão que permitisse a sua integração. Para o fazer corretamente, foi necessário introduzir um método de gestão cooperativa com um sistema de planeamento, implementação e controlo pelos participantes na gestão dos terrenos de cultivo, utilizando o método de participação cooperativa com direitos iguais. O principal objetivo do método cooperativo de gestão de terrenos de cultivo é a utilização eficaz e adequada dos terrenos de cultivo, a melhoria da vida dos cidadãos pastores e o reforço da sua independência através do apoio a um desenvolvimento sustentável do ponto de vista ambiental, social e económico.

Implementação da gestão cooperativa das terras de pastagem com base na tradição: Já foi referido anteriormente que a tradição dos mongóis no que respeita à utilização dos terrenos de pastagem ou à exploração da criação de gado tem uma forma clássica baseada na ecologia ou no equilíbrio ecológico. Os resultados da investigação levada a cabo no nosso país revelam a possibilidade de aumentar a capacidade das terras de pastagem em 20-50% e a produtividade do gado em 15-40%, mediante a utilização sistemática das terras de pastagem. A área de pastagem está a deteriorar-se devido ao zoom de demasiado gado num local semelhante sem se deslocar para outro local, o que provoca uma sobrecarga da capacidade da área de pastagem. De acordo com os cientistas, quando a área de pastagem se deteriora, a atividade dos microrganismos no solo diminui e a fertilidade diminui. De acordo com a investigação efectuada nos terrenos de pastagem da quinta estatal de Tuvshruulekh, na província de Arkhangai, enquanto os terrenos de pastagem com gramíneas novas contêm 70-90 milhões de bactérias que acumulam azoto por hectare, os terrenos deteriorados contêm 50-60 milhões de bactérias.

Durante o período em que a Mongólia passou de uma economia centralmente planificada para uma sociedade de relações de mercado, a posse da terra também esteve em período de transferência, na sequência do estatuto social e das actividades do plano de gestão da terra. Em 1990, a terra era utilizada para 14 fins, mas em 1996 era utilizada para 140 fins. O aumento do número de participantes na posse da terra revela a necessidade de apoiar uma medida de utilização ou distribuição adequada e eficaz da terra através de um planeamento da utilização da terra que esteja em conformidade com a política de gestão da terra e com o objetivo de apoiar o seu desenvolvimento. Logo que a Mongólia entrou na sociedade democrática, verificou-se uma maior mudança nos tipos de planeamento e nas questões metodológicas da gestão fundiária desde 2003 e, desde 2001, foi dado o passo para a transferência de terras para a propriedade privada.

Em primeiro lugar, as normas, regulamentos ou instruções de planeamento do ordenamento do território não satisfaziam os requisitos. A metodologia e as instruções deste planeamento foram confirmadas por documentos jurídicos, tal como descrito na lei, e o plano geral de gestão fundiária do Estado e também o plano geral de gestão fundiária das províncias para desenvolver a sociedade ou a economia do Estado até 2023 foram processados em 2003 através da gestão fundiária em conformidade com as condições naturais e geográficas, os recursos fundiários, a sua ecologia, a economia, a capacidade de carga espacial e a capacidade no território da Mongólia e foram implementados. Em ligação com os planos acima referidos, o plano anual de ordenamento do território do ano em causa tem sido executado desde 2007.

Nas circunstâncias do nosso país, onde o território é vasto, há uma procura espontânea para escolher um modo estável de propriedade colectiva das terras de pastagem, uma vez que as tradições são mantidas pelos pastores que têm vivido em vizinhança, não dividindo as terras de pastagem em pequenos volumes para cada família.

Com base no que precede, existe uma certa necessidade de ter uma política de ordenamento do território a nível nacional, que será adaptada às novas circunstâncias sociais e económicas se for coerente com o plano de gestão do território a nível da província e do soum e se os utilizadores do território fizerem escolhas económicas e se envolverem na sua gestão.

1.2.4 Sistema mongol de utilização de terras de pastagem

O sistema de planeamento do uso da terra é eficaz no âmbito da estratégia de desenvolvimento nacional, participando na sua implementação, direção e deveres de execução e no âmbito do poder de gerir, dispor do Fundo Geral de Terras, organizar a utilização e beneficiar do mesmo. Atualmente, o sistema de ordenamento do território tem a seguinte estrutura

- ❖ Plano geral de ordenamento do território do Estado
- ❖ Plano geral de ordenamento do território da província ou da capital
- ❖ Plano de ordenamento do território desse período do soum ou distrito
- ❖ Plano do utilizador do solo

O planeamento das terras de cultivo deve ser executado na Mongólia em conformidade com o sistema de planeamento da utilização das terras, mas o planeamento das terras de cultivo não é suficiente a nível provincial ou de soum, em conformidade com o método ou a metodologia de processamento do plano. O planeamento da utilização dos solos a vários níveis está a ser implementado através da passagem do geral para o pormenorizado ou do pormenorizado para o geral, com base no princípio do feedback. Após a determinação da política e da estratégia fundiária a nível territorial administrativo, os utilizadores da terra devem executar o planeamento fundiário e existe um princípio de pormenorização do plano de alto nível, de modo a especificar as questões que são importantes na área local ou nacional a nível provincial, da capital ou nacional.

A recomendação da Organização das Nações Unidas para a Alimentação e a Agricultura (FAO) estabelece o princípio de que o planeamento deve ser executado a partir da base e os países em desenvolvimento foram aconselhados a fazer o planeamento local em aldeias rurais, áreas de povoamento, várias aldeias, áreas sedentárias ou em algumas bacias. Além disso, aconselha a determinar o local da unidade que tem uma possibilidade de utilização da terra a nível nacional, por agro-regiões de terras agrícolas, sistema de utilização da terra a nível provincial e local da unidade ou unidade de solo a nível local quando o sistema de planeamento da utilização da terra está a ser determinado.

Plano geral do ordenamento do território do Estado

A instrução metodológica sobre o processamento do plano geral de gestão do território estatal descreveu os recursos do território e o planeamento provisório no âmbito do quadro estatal. O plano de ordenamento do território foi descrito com base no princípio do feedback, segundo o qual, após a elaboração da política ou estratégia do quadro estatal, é elaborada a política ou o plano de ordenamento do território do soum e a província deve especificar a sua política ou plano a este nível.

Plano geral de ordenamento do território da província

O plano geral de ordenamento do território da província é um documento elaborado com o objetivo de preparar medidas complexas de ordenamento do território com bases jurídicas e científicas, de as apoiar de acordo com a política de ordenamento do território e de criar uma propriedade e utilização adequadas e sustentáveis do território para a ecologia, a sociedade ou a economia, tais como determinar os recursos terrestres dentro das fronteiras provinciais, estudar as condições naturais, determinar a capacidade territorial, a capacidade de carga, manter o equilíbrio ecológico, utilizar adequadamente, proteger, reabilitar ou melhorar a eficácia, a fim de desenvolver a sociedade ou a economia.

Plano de ordenamento do território do ano de soum

O plano é um documento que cria uma utilização adequada, óptima e completa e determina a proteção, a reabilitação ou as medidas da terra, utilizando métodos de cálculo, de resumo, de desenho ou de projeto, através da determinação da quantidade de terra que é propriedade e utilizada para que fins no âmbito do soum e dos seus recursos.

Deve ser planeado depois de fazer com que os pastores compreendam que a auto-confiança ou a opinião própria é essencial para ativar a participação dos pastores. Por outro lado, não pode tornar-se um local adequado para processar o plano de utilização e gestão das terras de pastagem. Foi descrito que o plano com recomendação metodológica para o plano de gestão de terras do soum desse período deve ser processado e o plano de implementação deve ser executado nas seguintes fases. Incluindo: preparação, investigação, determinação e estudo no local, processamento ou planeamento de materiais, discussão após obtenção de parecer, aprovação, documentos e materiais relevantes, estimativa, relatório, implementação ou controlo.

Tendo em conta as condições acima referidas, será criada uma oportunidade para processar um determinado plano de utilização da terra pelos pastores, grupo de pastores e parte dos utilizadores da terra de pastagem, caso a terra de pastagem seja categorizada para fins de utilização no âmbito do trabalho de processamento do plano de gestão da terra. Mas o plano de gestão das terras de pastagem deve ser flexível. Porque, no caso de se tornar impossível utilizar as terras de pastagem de acordo com o plano, dependendo da ocorrência de desastres naturais, secas ou fortes nevões, ou se os resultados das plantas forem reduzidos devido a raras chuvas durante o ano, o plano tornar-se-á resiliente e dará uma oportunidade de ser implementado de forma eficaz.

Atualmente, é difícil levar a cabo uma gestão sustentável das terras de pastagem, porque há vários entendimentos sobre a abordagem das terras de pastagem. A participação conjunta na gestão das terras de pastagem é considerada essencial. A situação atual do território, natural, climática, social e económica será esclarecida, as questões relacionadas com as queimadas serão esclarecidas e as medidas a tomar serão planeadas para processar o plano de gestão das terras de pastagem. Uma das questões a especificar no plano é a criação de um grupo de utilizadores das terras de cultivo e a utilização das terras de cultivo de acordo com o calendário e o intercâmbio discutidos a nível nacional. Incluindo:

1. Observar o princípio de processar o plano para o plano de terras de pastagem;
2. Estudar o estado atual de forma precisa;
3. Para apoiar a realização de actividades independentes;
4. Estabelecer um grupo de utilizadores das terras de pastagem
5. Reforçar as capacidades
6. Elaborar um plano de utilização das terras de pastagem
7. Para implementar

Tendo em conta toda a situação, é necessário seguir os princípios e etapas gerais para processar e implementar o plano de gestão das terras de pastagem no soum. Nestas condições, os pastores tendem a participar individualmente, a planear medidas de melhoramento e proteção das pastagens como um grupo, a controlar a implementação do plano, a trabalhar coletivamente e a entrar em cooperação colectiva. No entanto, o planeamento das terras de pastagem pelo grupo de pastores e pelos utilizadores das terras de pastagem ainda agora começou, pelo que é necessário que o Estado organize e chegue a uma solução geral de coordenação, fase, princípio ou planeamento, para criar uma capacidade e um ambiente legal para a implementação de cima para baixo.

No entanto, as questões de utilização e proteção dos terrenos de cultivo não estão completamente descritas porque o plano de gestão dos terrenos de cultivo não está a ser implementado na prática utilizando esta metodologia.

Por exemplo, foi descrito que as famílias não estão autorizadas a entrar nas terras deterioradas, mas como tomar essa medida, como organizar, a localização de outro lugar não está definida e o tipo de medida para a deterioração da terra é incerto, mesmo os itens gerais do público relativo são descritos, tendo falhado muitas questões, como o intercâmbio de terras, o método de proteção, a utilização de terras que não estão a ser utilizadas ou a irrigação de terras.

No âmbito deste trabalho, o plano de gestão de terras do ano de 62 soums, 12 províncias é analisado e resumido como é que o plano de gestão de terras de cultivo está a ser especificado no plano do ano de soums. Assim, as medidas são descritas de forma relativamente rara, incluindo o relaxamento, a troca de terras de cultivo ou a utilização das terras de cultivo que não estão a ser utilizadas.

No entanto, existem alguns soums na Mongólia que estão envolvidos em projectos ou programas, implementados na gestão de terras de pastagem, mas é certo que a maioria do total de soums tem uma estrutura de planeamento que foi feita por uma organização de saco e alguns soums processam o plano de gestão de terras de pastagem de acordo com a metodologia, mas não conseguem alcançar resultados substanciais. Isto leva-nos a perguntar até que ponto a qualidade do plano geral do estado e da província depende do plano de ordenamento do território do ano do soum, que não consegue satisfazer as condições ou requisitos actuais. O plano geral do estado ou da província dependerá diretamente da veracidade e correção das informações recolhidas do soum e do distrito.

Por um lado, é essencial o conhecimento, a competência e a prática dos supervisores dos terrenos dos soum, que assegurarão uma gestão profissional, e, por outro lado, é importante a participação do público e dos cidadãos, a fim de melhorar o contexto do plano dos soum. No entanto, estes dois factores não satisfazem os requisitos do nível atual. É necessário criar um local unitário para a utilização das terras de pastagem e implementar medidas de gestão adequadas das terras de pastagem que proporcionem condições ecossistémicas normais e sustentáveis para as terras de pastagem, a fim de implementar um plano que satisfaça o princípio de gestão das terras de pastagem com base na participação dos cidadãos e também na teoria do desenvolvimento sustentável, que é uma nova abordagem moderna, porque a questão da criação de gado nómada da Mongólia não está a ser organizada por uma coordenação económica centralizada.

Em 2006, foi aprovada a direção principal do planeamento territorial de acordo com a metodologia do plano do processo de gestão territorial do soum do ano. Incluindo:

- Planear e executar trabalhos para permitir a posse de terras em quartéis de inverno ou em quartéis de primavera, para permitir que os grupos de pastores utilizem as terras para pastagem a longo prazo, para permitir que possuam e utilizem campos de feno;
- Planear e aplicar medidas para manter a colheita das pastagens e dos campos

de feno, para coordenar a capacidade de carga das pastagens;

* Elaborar um plano de utilização do intercâmbio de pastagens de verão e de outono;
* Planear e aplicar medidas como a proteção, a melhoria, a irrigação, a reabilitação do campo de pastagem e a luta contra os roedores;

* Planear e implementar o calendário e a utilização da área de recursos/ otor/ de boas pastagens com riqueza de novas gramíneas;
* Planear e implementar uma medida para utilizar as terras de pastagem que não estão a ser utilizadas;
* Planear e implementar a migração coordenada em caso de condições especiais de dificuldade climática ou de troca de pastagens;
* Planear e aplicar uma medida para melhorar a irrigação das pastagens;
* Planear e implementar a utilização e a proteção de áreas e zonas de criação intensiva de gado

1.3 Método e princípio de planeamento das terras de cultivo na Mongólia

A Mongólia deve desenvolver e aplicar uma política estatal bem estruturada a longo prazo, a fim de desenvolver a economia com uma orientação ecológica e reforçar os princípios básicos da conservação da natureza, assegurando a equivalência do desenvolvimento ambiental e social de forma ordenada, em conformidade com a conceção e a abordagem populares do desenvolvimento sustentável a nível mundial no século XXI.

A gestão das áreas de pastagem é um método de proteção da natureza, que permite a utilização adequada e eficaz das áreas de pastagem e dos tipos de gado, a escolha de áreas ecologicamente adequadas e a posse das áreas de pastagem por parte dos pastores, e a resolução dos problemas de acordo com a procura, as exigências ou os procedimentos do mercado. A gestão das terras de pastagem é um método de proteção da natureza. A utilização, que só tem em vista o rendimento de hoje ou de amanhã, tal como a atribuição de um peso preponderante a qualquer um dos conjuntos naturais, a utilização e a proteção, consideradas separadamente, têm um significado semelhante ao de danificar a natureza ou o ambiente.

A política a seguir pelo Estado da Mongólia no domínio da ecologia visa reabilitar e restaurar os recursos naturais, proteger a sua aparência e criar um ambiente saudável e seguro através do desenvolvimento dos costumes económicos tradicionais e modernos comuns, em conformidade com a utilização adequada dos recursos com base nas vantagens relativas do ambiente e dos recursos naturais.

Nas relações entre o homem e a natureza, considera-se critério de equivalência ecológica o facto de tanto a natureza como o homem não sofrerem danos, a natureza ser reabilitada espontaneamente, as pessoas beneficiarem adequadamente dos recursos em conformidade com a sua capacidade de carga e melhorarem as suas condições de vida. Os princípios abaixo mencionados devem ser observados de modo a garantir a equivalência ecológica.

1. Proporcionar condições de saúde e segurança para as condições de vida.
2. Reduzir os danos ecológicos que podem afetar as gerações futuras.
3. A decisão e o funcionamento devem ser claros e abertos para a conservação e a utilização dos recursos naturais.
4. Implementar uma operação para proporcionar equivalência ecológica com o apoio do método e mecanismo da natureza, economia, política geral social e coordenação através da utilização produtiva e paritária da operação tradicional, técnica moderna e realização tecnológica de ponta.
5. Para realizar o trabalho, os utilizadores e as pessoas devem proteger a natureza e os recursos naturais.

A gestão das terras de pastagem tem por objetivo fornecer princípios fundamentais. A gestão das terras de pastagem, que representa o sector da gestão das terras, contém elementos que incluem a gestão das terras agrícolas, a gestão dos recursos naturais, a responsabilidade pelo gado e a gestão da criação de gado. O subtipo de gestão das terras agrícolas diz respeito à questão da gestão das terras de pastagem.

A gestão dos terrenos de cultivo é um conceito abrangente que envolve um conjunto de medidas como a utilização e a proteção dos terrenos de cultivo, o planeamento da operação de reabilitação, a implementação e o controlo. A implementação efectiva da gestão das áreas de pastagem é determinada pelas caraterísticas das áreas de pastagem, pela especificação da qualidade, pelo crescimento e redução dos produtos animais e pelo nível de vida dos pastores. Existem muitas definições relativamente à gestão das áreas de pastagem.

No entanto, o desenvolvimento da gestão das pastagens com base científica dependerá da coordenação e coerência adequadas e corretas de 3 composições, incluindo a monitorização das pastagens, a informação sobre as pastagens e o planeamento da utilização das pastagens. A gestão das pastagens baseia-se nos três pilares acima referidos, pelo que se considera que a monitorização, a informação e o planeamento são as três pedras angulares.

Analisando todas as definições, é possível determinar que a gestão das terras de cultivo significa um sistema em que a utilização, a proteção e a reabilitação das terras de cultivo estão a ser planeadas, a sua implementação é coordenada, promovida e controlada e avaliada.

O planeamento da área de cultivo deve ser executado com base no princípio principal de gestão da área de cultivo. O princípio principal da gestão das terras de cultivo está a ser determinado de forma diferente por cientistas e investigadores.

Johnson, um cientista dos EUA, apresentou 9 princípios no seu trabalho de criação "Principle of the range land management".

Tserendash.S (2006) determinou 3 princípios para a gestão de áreas de cultivo.

1. Manter o equilíbrio entre os recursos pecuários e alimentares das terras de pastagem;
2. Criar condições para que os terrenos de cultivo se restabeleçam espontaneamente através da criação de condições para que as plantas cresçam nas estações quentes com a sua sementeira.
3. Para engordar o gado e sobreviver ao inverno sem perder a engorda.

Jigjidsuren.S (ano de 2005) definiu o princípio principal da gestão de alcance da seguinte forma. Incluindo:

U Princípio de não exceder a capacidade de carga das terras da área de distribuição

U Princípio de não esgotar os recursos alimentares das terras de cultivo

U Princípio de colocar os recursos alimentares nas gramíneas das pastagens;

U Princípio do intercâmbio e da utilização dos terrenos de cultivo;

A grande contribuição dos mongóis para o património histórico mundial é a forma e o método de praticar a agricultura de pastagem. Como os pastores têm vindo a utilizar os produtos primários dos recursos naturais e a cuidar do seu gado há muitos séculos, adquiriram plenamente métodos e tácticas que não são prejudiciais para o ambiente, sem perder o aspeto e o modo naturais das terras de pastagem.

Estes factores envolvem questões de grande amplitude, como o clima do território, a estrutura da superfície terrestre, o solo, os animais, os animais selvagens, as moscas, os mosquitos, os microrganismos e o centro de tempestades de doenças infecciosas.

1.3.1 Objetivo, dever e princípio fundamental do planeamento das terras de pastagem

Nos últimos anos, a degradação das terras tem aumentado muito devido à perda de questões relacionadas com o processo de investigação e planeamento da utilização dos fundos de terras da Mongólia e com a melhoria da sua gestão. Esta situação tem consequências negativas para o equilíbrio dos factores básicos da terra, tais como a capacidade da terra, a redução da capacidade de carga e a estrutura da paisagem.

Por conseguinte, é certamente necessário melhorar a gestão das terras e aperfeiçoar o seu planeamento com base na investigação científica sobre a utilização das terras na Mongólia. O ordenamento do território tem níveis de inter-relação próprios e os problemas a resolver, o âmbito e o espaço de aplicação são diferentes. Atualmente, estão a ser observados 5 princípios comuns para o planeamento do ordenamento do território na Mongólia. *Princípio de;*

a. Eficácia
b. Garantir a igualdade e a justiça
c. Garantir a igualdade no planeamento da utilização dos solos
d. Garantir a estabilidade
e. Estar inter-relacionado

O princípio do ordenamento do território que proporciona estabilidade é o princípio do ordenamento sustentável do território.

O planeamento da utilização das terras de pastagem na América do Norte descreve modos que incluem a utilização contínua, a utilização repetida, a utilização intercalada, o atraso temporário-intercâmbio, o pousio-intercâmbio ou a utilização a curto prazo.

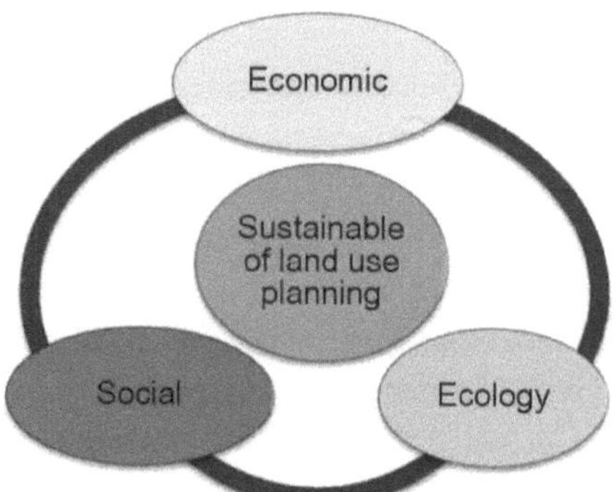

Figura.1.6; Gestão sustentável das terras de cultivo

A base da existência da criação tradicional de animais na Mongólia é a reserva de terrenos de pastagem de quatro estações ou de um local melhor com novas gramíneas e o objetivo da gestão dos terrenos de pastagem é utilizar esses terrenos de forma intercalada. É necessário ter em consideração, no planeamento dos terrenos de cultivo, a lei natural das plantas que se alteram, a capacidade de reabilitação espontânea após a utilização, a formação da colheita, a acumulação ou o armazenamento variam em função das espécies vegetais, das caraterísticas biológicas e ecológicas e da utilização.

A aplicação efectiva da gestão das áreas de pastagem será determinada pelo modo de exploração das terras de pastagem, pela especificação da qualidade, pelo crescimento ou redução da produção de produtos animais e pelo nível de vida dos pastores.

Existe uma tradição no nosso país de que os bairros de inverno, os bairros de primavera, o acampamento de verão e os bairros de outono são herdados e utilizados não oficialmente por várias famílias em muitas províncias e soums, especialmente em pastagens montanhosas e férteis. A propriedade local revela quando a terra é utilizada durante 4 estações, o que se repete permanentemente em condições climáticas normais, e a direção estável da migração quando o clima se torna rigoroso. Trata-se de um mecanismo de coordenação não oficial para ajustar a capacidade de carga das terras de pastagem e proteger contra a deterioração.

O desenvolvimento e a implementação de um plano de gestão dos terrenos de cultivo adaptáveis ao gado e às caraterísticas da zona natural, em conformidade com um território ecologicamente adequado baseado na tradição de utilização dos terrenos de cultivo, são essenciais para a utilização com um plano adequado e um dos métodos para aperfeiçoar ainda mais.

Pastoreio sazonal rotativo; uma das questões obrigatórias no plano de terras de cultivo é a medida de proteção e intercâmbio do pastoreio. As medidas de proteção das terras de cultivo devem ser orientadas para a prevenção da deterioração. Se olharmos para o trabalho de criação de alguns investigadores, não só a colheita é reduzida em 2-5 por cento, mas a nutrição das plantas é agravada em 49-50 por cento, mesmo em alguns casos até 90 por cento é ocupada por plantas que o gado não come. O método habitual para reabilitar e melhorar os terrenos de pastagem muito deteriorados nas zonas florestais e nas zonas de estepe consiste em evitar a influência humana e deixar que se reabilitem espontaneamente e sejam colocados nas condições anteriores. Por esta razão, é necessário libertar os terrenos de cultivo da utilização e relaxar, e os cientistas determinaram que é necessário um relaxamento de 9-10 anos para restaurar as plantas básicas nos terrenos de cultivo nas zonas florestais e nas regiões de estepe e que é necessário um repouso de 3-4 anos para aumentar o volume de colheita em 2-3 vezes.

Por conseguinte, a gestão da área de pastagem não só evita a deterioração excessiva da área de pastagem, como também exige o repouso das pastagens durante vários anos, quando a área está deteriorada a um nível baixo ou médio, e deve ser imposto um ano de repouso durante o período de intercâmbio da área de pastagem previsto no plano de gestão da área de pastagem. A gestão adequada da utilização dos terrenos de pastagem, desde a antiga pecuária nómada até à moderna pecuária intensiva, baseia-se no método de utilização alternada dos terrenos de pastagem. O método mais comum e selecionado para utilizar adequadamente os vastos terrenos de pastagem, de acordo com os planos, é a utilização de um sistema de programação e de intercâmbio para descansar, trocar ou reservar os terrenos de pastagem, tendo em conta as cabeças de gado, os tipos, a idade, o sexo e a direção da eficácia, em conformidade com o estado natural e geográfico e as caraterísticas próprias dos terrenos de pastagem. O plano e a aplicação dos métodos acima referidos são designados por gestão de terrenos de cultivo.

A questão principal do planeamento dos terrenos de pastagem na Mongólia a resolver é determinar corretamente o calendário sazonal dos terrenos de pastagem e atribuir terrenos de pastagem sazonais e permitir que os sujeitos oficiais que são utilizadores dos terrenos de pastagem, incluindo centros de produtos pecuários, empresas, explorações agrícolas familiares e famílias de pastores, utilizem os terrenos de pastagem. As caraterísticas naturais e geográficas da maior parte do território do nosso país permitem eliminar as áreas de pastagem abandonadas através da utilização e da propriedade por parte dos utilizadores das áreas de pastagem no inverno e na primavera durante um longo período, de acordo com um contrato estável, mas não há outra forma de utilizar a maior parte das áreas de pastagem no verão e no outono.
Deve-se prestar atenção para não perder a oportunidade de utilizar os pontos de irrigação e os recursos limitados de propriedade pública em conjunto quando as terras de cultivo são atribuídas. Quando se planeiam as medidas de gestão da área de pastagem, deve organizar-se a utilização da área de pastagem em sequências intercaladas, divididas em partes de utilização com um determinado período, tendo em conta os factores dentro do território programado, tais como o tipo de gado, as caraterísticas de idade e sexo, o ciclo biológico e fisiológico quando a eficiência é constituída, o prazo de utilização da eficiência, a lei natural da erva e das plantas a serem alteradas e armazenadas, a alteração do clima sazonal, a ocorrência inesperada com base no calendário da área de pastagem.

Durante a elaboração do plano de ordenamento do território, é necessário determinar as aptidões das culturas tardias, o período de cultivo tardio e o volume das culturas tardias. Analisando os resultados da investigação sobre as culturas tardias das terras de cultivo e as culturas de utilização repetida, quando as culturas tardias das terras de cultivo são utilizadas 2 a 3 vezes por ano, a colheita total é reduzida em cerca de 33% em comparação com a colheita inicial a partir do terceiro ano e a colheita aumenta substancialmente quando a cultura é utilizada 2 a 3 vezes num ano ou quando o pasto repousa 2 vezes.

1.3.2 Princípio do ordenamento do território
Para implementar com êxito a gestão das terras de cultivo, é extremamente importante a participação e a cooperação dos proprietários de terras, agências e especialistas em vários domínios. É necessário elaborar uma política estratégica para

gerir com êxito a criação de animais com base nas caraterísticas das terras de cultivo, do solo, das plantas, do abastecimento de água e das necessidades nutricionais dos animais e dos factores humanos. Não existe um sistema único de utilização das terras de cultivo para manter as terras de cultivo normais ou reabilitar as partes deterioradas, pelo que é necessário utilizar a combinação de várias políticas em conformidade com o território (tabela 1.2).

Quadro 1.2; Princípio da gestão das pastagens

№	*Principle of* Socialist period	Ongoing pursuant principles	Recommended and suggested principles
1	To have owner for pasture to each part, groups;	Not exceed pasture carrying capacity	Classify pastureland by usage
2	Have possible concentrate all cultural service without overusing others pasture at one direction as possible to group for pastureland.	Not exhaust pasture resource	To give land own for long time pasture land according to nomadic tradition and paths after dividing groups
3	Select seasonal pastureland according to ecological climate condition of environment	Give renewable time for grassland	Restrict animal number according to pasture carrying capacity, improve animals
4	Preventive from pasture grind, process all methods to rest	Alternate use of pasture land	Avoid over nutritional plants, constantly improve pasture
5	Quarterly basis possession from grazing cattle and feeder roads overwhelm a yard out and pest and rodent		Alternate use of pasture land
6			Evaluate the quality of pasture conditions and layout, have flexible plan
7			Pasture land planning must be transparent , democratic and inclusive
8			Have specific planning solutions corresponding ecological regions specifics
9			Reflect local traditional methods of resolving disputes and problems
10			Self - based bottom - up to take the steer
11			Aims to Implementation

Os países do mundo estão a definir métodos para proporcionar um desenvolvimento sustentável através da gestão dos ecossistemas em conformidade com a capacidade de carga da natureza e do ambiente ou das alterações climáticas, a fim de reduzir as condições negativas que afectam a ecologia. A fim de proporcionar um desenvolvimento sustentável, os países integram as perspectivas da ecologia, sociedade, economia e instituição e utilizam amplamente três modelos de âmbito (como abordagem conjunta) de gestão de ecossistemas.

O desenvolvimento insustentável que se regista a nível mundial é mais complicado na Mongólia e o método para o evitar consiste em seguir o curso do desenvolvimento sustentável mundial. Para o nosso país, onde a criação de gado é nómada e as terras de pastagem representam a maior parte do território total, é essencial assegurar uma gestão sustentável das terras de pastagem no âmbito da gestão do ecossistema.

No caso da Mongólia, a abordagem revela-se no sentido de planear a área de distribuição com base no método de participação para implementar a gestão sustentável da área de distribuição através do princípio principal da gestão do ecossistema.

1.4 Degradação e desertificação das terras de pastagem na Mongólia

Dois factores, incluindo a alteração da área de distribuição e do clima da Mongólia e a sensibilidade a uma má gestão do ecossistema, estão a reforçar a sua influência mútua.

Convém recordar que a precipitação média anual diminuiu 12,5 por cento nos últimos 65 anos e aumentou até 9,3 por cento noutras zonas. Assim, considera-se que as alterações climáticas são o principal fator de determinação da deterioração da área de pastagem na estepe de sobremesa e na zona central, em comparação com outras zonas. A deterioração das áreas de pastagem está a ser muito contestada e os investigadores consideram que 4-78% das áreas de pastagem foram deterioradas. (Avaadorj.D, 2000; Dash.D other, 2006: Shiirevdamba.Ts, 2000). De acordo com a investigação efectuada por Erdenetuya.D, cerca de 78% das terras de cultivo estão deterioradas. (Erdenetuya.D, 2006).

1.4.1 Alterações do coberto vegetal

Existe pouca informação verificável numa base anual sobre a saúde das pastagens a nível nacional, uma vez que a Mongólia não dispõe de um sistema nacional normalizado de monitorização das pastagens. No entanto, durante a era socialista, a saúde das pastagens foi estudada através de expedições de grande escala a nível nacional, nomeadamente a expedição conjunta soviético-mongol de 1961-1965 sobre pastagens e recursos hídricos e a expedição soviético-mongol de 1981-1986 sobre gestão de terras, que produziu um mapa nacional de pastagens. Desde 2000, o Instituto de Geo - Ecologia efectuou uma série de estudos cujos resultados eram comparáveis aos das duas expedições anteriores. Existem poucas dúvidas sobre a validade científica e a comparabilidade destes dados ao longo do tempo.

De 1961 a 2006, o número de espécies vegetais diminuiu 23,6% na estepe desértica e no deserto e 50% na estepe florestal. As espécies de gramíneas palatáveis foram substituídas por ervas daninhas e arbustos pouco palatáveis, o que resultou num declínio da produtividade das pastagens e do coberto vegetal.

Nas estepes florestais, nas estepes e nas estepes desérticas, registou-se um declínio do número de espécies entre a década de 1960 e a primeira metade da década de 1980. É evidente que este declínio não pode ser atribuído ao livre acesso ou ao aumento do número de animais, uma vez que ocorreu antes de estas tendências se manifestarem. Poderá ter sido uma das primeiras consequências das alterações climáticas? É evidente que é necessária mais investigação para responder a esta questão (Livelihood Study of Herders in Mongolia, 2010).

Desde o início da década de 1980 até à década atual, a taxa de declínio das espécies vegetais prosseguiu mais ou menos ao mesmo ritmo que o observado anteriormente na estepe florestal, nas montanhas altas, na estepe e no deserto, tendo abrandado na estepe desértica. Com base nos dados disponíveis, não é possível determinar as influências respectivas das alterações climáticas e das práticas de utilização dos solos no declínio das espécies e do coberto vegetal. É necessária muito mais investigação para resolver estas questões.

Os pastores e os investigadores referiram uma diminuição drástica da produtividade das pastagens. Entre 1961 e 2006, a produtividade das pastagens diminuiu 28,6% na zona desértica e 52,2% na estepe. O calendário e as tendências da produtividade das pastagens são semelhantes aos do número de espécies, exceto no que se refere ao declínio da taxa de perda de produtividade no deserto após o início da década de 1980.

Não se regista qualquer aceleração da tendência de degradação das pastagens entre o primeiro período de 20 anos e o segundo período de 20 anos. As alterações climáticas não parecem ter acelerado na Mongólia desde a década de 1940; pelo contrário, as tendências são consistentes com uma taxa constante de alterações climáticas. Por outro lado, todos os observadores concordam que a gestão das pastagens se baseava mais em princípios científicos e na gestão cuidadosa dos movimentos dos pastores durante a era socialista, tendo sido substituída pelo acesso livre após as transições. O impacto desta mudança não é visível numa aceleração da tendência observada.

Para além das alterações a longo prazo no número de espécies e na produtividade das pastagens, estão disponíveis dados anuais sobre o Índice de Vegetação por Diferença Normalizada (ND VI). O NDVI é um método de deteção remota para detetar alterações no coberto vegetal, utilizando imagens de satélite para analisar o espetro de cores da luz reflectida pela superfície da Terra. Este método tem sido utilizado para avaliar as alterações da vegetação nas diferentes zonas ecológicas da Mongólia nos últimos 27 anos (Livelihood Study of Herders in Mongolia, 2010).

1.4.2 Degradação dos recursos hídricos

Para clarificar este ponto, são necessários mais dados do solo provenientes de parcelas de monitorização.

Muitas fontes de água de superfície, rios e nascentes estão a desaparecer ou a diminuir em quantidade de água. Este facto é coerente com o aumento das temperaturas anuais e da evapotranspiração referido no capítulo 1. Em comparação com 1990, 20% dos rios, 25% das nascentes e 35% dos lagos tinham desaparecido em 2007 (Ministério da Natureza e do Ambiente, 2007).

Quadro 1.3; Construção de poços, número (1000)

	1990	1991	1992	1993	1994	1995	1996	2000	2003	2006
Total wells	41.6	37.6	36.3	36.3	35.6	34.6	34.4	30.9	40.9	38.7
Drilling well	24.6	22.3	20.7	19.2	17.6	14.6	12	8.2	19.5	10
Water hole	17	15.3	15.6	17.1	18	20	21.4	22.7	21.4	28.6
Utilization well	38.3					26.3	27.6	21.7	32.3	24.8
Non utilization	1.1					6.2	6.3	5.8	12.8	4.8

Fonte: Anuário Estatístico Nacional, 1989-2002; 2008

1.4.3 Utilização incorrecta das pastagens

Durante a extorsão dos pastores e durante a utilização das terras de pastagem, os pastores obtêm rendimentos e lucros através da deterioração e do agravamento das terras de pastagem, passo a passo, pelo que a deterioração das terras de pastagem lhes proporciona lucros temporários. Os pastores não gostam de reduzir o número de cabeças de gado em conformidade com a capacidade de carga das pastagens. Isto deve-se à ausência de mecanismos de coordenação. Esta condição torna-se o principal fator de deterioração das terras de pastagem que excedem a sua capacidade de carga. Havia um total de 23,2 milhões de cabeças de gado em média por ano, de 1934 a 1959, quando as pequenas empresas com propriedades privadas eram dominantes antes de se tornarem cooperativas, 27,5 milhões quando o gado aumentou em grande número e cerca de 20 milhões quando o gado diminuiu em grande número, considerando a estrutura do gado nos últimos 73 anos, em determinadas fases de desenvolvimento social e económico. Desde que o movimento para se tornar cooperativa ganhou até ser transferido para relações de mercado ou de 1960 a 1990, havia cerca de 23 milhões de cabeças de gado em média de muitos anos, 25,8 milhões quando o gado aumentou em grande número e 20,3 milhões quando o gado diminuiu em grande número.

Desde que passou para as relações de mercado e o gado foi privatizado, havia cerca de 27,4 milhões de cabeças de gado na média de muitos anos, 33,6 milhões quando o gado aumentou em grande número e 23,9 milhões quando o gado diminuiu em grande número. Os dados acima mostram um crescimento intensivo do efetivo pecuário nos últimos anos. Em média, havia cerca de 24,1 milhões de cabeças de gado por ano durante o período de 73 anos (quadro 1.4).

Quadro 1.4; Evolução do número de bovinos

Items	1989	2009	*Changes*
Cattle number	24.7million	44.0million	+1.8 over
Number of herders	135.4 million	349.3 thousand	+2.6 over
Number of cattle per herder	182	126	-30.8%

Fonte: Anuário Estatístico Nacional, 1989-2002; 2008

A influência do comportamento humano pode ser vista pelo facto de a degradação induzida pelo gado ser mais claramente pronunciada perto de povoações e fontes de água, e em locais onde as influências climáticas, da vegetação e humanas criam uma "convergência" de factores que conduzem a uma degradação acelerada. Por outro lado, as áreas vedadas que estão em repouso dentro das pastagens fornecem uma demonstração impressionante dos efeitos do pastoreio intensivo (fora da vedação) em comparação com as comunidades vegetais em repouso (dentro da vedação). Esta comparação é particularmente convincente, uma vez que a única diferença entre as duas áreas é a forma como são geridas; as condições do solo e do clima são idênticas (Figura 2.3)

Figura 2.3; Diferença entre pastagens em repouso e não repousadas.
Fonte: GGProgressReport2004-2008

Quando a área de pastagem deteriorada é libertada da utilização e relaxada durante 3 anos, as espécies, coberturas e culturas aumentam e a terra tende a ser reabilitada. A utilização das terras de pastagem com custos intercalares é barata, eficaz e está disponível para ser implementada pelos próprios pastores (Dorligsuren.D, 2010).

O desenvolvimento de terras virgens para a produção de culturas teve início na Mongólia em 1959, com 1,34 milhões de hectares de terras aradas antes da transição económica do início da década de 1990, após a qual se verificou um declínio abrupto das culturas. Em 2002, mais de 600 000 ha de terra não eram utilizados. Estas terras estão cobertas de ervas daninhas (plantas não palatáveis), são propensas à erosão eólica e não são adequadas para o pastoreio.

Mais de meio século de investigação global sobre as causas da degradação dos recursos naturais renováveis - os chamados recursos comuns - estabeleceu com certeza que o acesso livre e a ausência de limitações às quantidades de apropriação dos recursos conduzem invariavelmente à sua degradação, que é frequentemente permanente. A degradação dos recursos comuns através do livre acesso foi designada por "tragédia dos comuns" (Hardin, 1968). No entanto, existem muitos regimes de propriedade comum em que o acesso é bem gerido e limitado a utilizadores específicos, e em que não se verifica qualquer degradação. A terminologia existe - mas é um pouco infeliz. Seria preferível chamar-lhe a "tragédia do livre acesso". A influência dos pastores nas terras de pastagem varia consoante o sistema agro-ecológico. O número de cabeças de gado influencia diretamente a qualidade das terras de pastagem em ecossistemas equilibrados e mistos, mas o número de cabeças de gado não é um indicador de deterioração em ecossistemas não equilibrados. Por conseguinte, a utilização voluntária da área de pastagem em ecossistemas não equilibrados causa uma ligeira perda de qualidade da área de pastagem em comparação com os outros dois ecossistemas.

Entre 2004 e 2008, foram gastos 5251,8 milhões de MNT no controlo de gafanhotos e roedores, cobrindo 3,8318 milhões de hectares em 256 soums de 14 aimags. No entanto, não se registou qualquer diminuição das áreas de pastagem danificadas por roedores e pragas (Livelihood Study of Herders in Mongolia, 2010).

1.4.3 Alteração dos padrões de migração

Os pastores, e especialmente os pastores pobres, reduziram drasticamente a frequência e o âmbito das suas migrações para: (1) Proteger os seus acampamentos de inverno contra a invasão de propriedade; (2) Garantir o acesso ao mercado ficando perto de povoações e estradas (Livelihood Study of Herders in Mongolia, 2010). Alguns pastores deixaram de se deslocar completamente, enquanto outros se deslocavam apenas duas vezes por ano das pastagens de inverno/primavera para as pastagens de verão/outono. Os pastores que migraram de outras zonas contribuem geralmente muito para o problema da insegurança da posse, uma vez que não respeitam os direitos tradicionais de posse. Na ausência de segurança de posse, a concentração espacial em torno de povoações e pontos de água leva a uma grave degradação das pastagens e aumenta a incidência de conflitos de direitos dos utilizadores.

A área de pastagem por zona ecológica e a distribuição do efetivo pecuário entre elas variam significativamente. Na zona de estepe florestal, com 24,9 milhões de hectares ou 22,2% da superfície total de pastagens, são mantidos 42,7% do número total de animais. Na zona desértica, com 16,4 milhões de hectares (14,6%) de pastagens, apenas 5,2% dos animais são mantidos. O número de cabeças de gado por 100 hectares varia entre 20 unidades de ovinos no deserto e 111 unidades de ovinos na zona de estepe florestal.

A continuação da migração extensiva de pastores para estas zonas, ou de zonas degradadas para zonas não degradadas, acarreta o risco de degradação das zonas de estepe florestal num futuro próximo.

1.4.4 Capacidade de carga

A capacidade de carga é uma medida do número de animais (em SU) que um hectare de pastagem pode suportar durante um determinado período de tempo sem degradação, tendo em conta a produtividade da pastagem. Nos estudos nacionais, a capacidade de carga é medida de acordo com a seguinte fórmula:

$$CC = \frac{Y}{H*GD} \qquad (1)$$

CC representa a capacidade de carga em unidades de ovinos por hectare, Y o rendimento da colheita de pasto em kg/ha, H as necessidades de forragem em quilogramas por unidade de ovinos por dia e GD os dias de pastagem.

Entre 1999 e 2004, o ALAGAC efectuou uma avaliação do estado e das caraterísticas das pastagens em todo o país (Livelihood Study of Herders in Mongolia, 2010). A capacidade de carga das pastagens varia muito consoante a zona geográfica. Verificou-se que o número de animais excede a capacidade de carga das pastagens em 32,5%, ou seja, em 16 milhões de unidades ovinas a nível nacional. A figura 2.6 ilustra a variação por aimag. Apenas em três aimags - Dornod, Sukhbaatar e Bayankhongor - a densidade animal é inferior à capacidade de carga medida (25,4% a 87,5%). Nos restantes aimags, a utilização variou entre 100% e 300%. A utilização foi tipicamente muito mais elevada em torno das grandes cidades, com 436,4% em Darkhan, 651% em Ulaanbaatar e 1541% em Orkhon (Erdenet).

Figura.1.8 Capacidade de carga das pastagens por aimag

Fonte; Estudo sobre os meios de subsistência dos pastores na Mongólia, 2010

A questão que se coloca é se existe alguma área necessária para cuidar de tal quantidade de gado. Quando, em meados dos anos 80, foram elaboradas normas e regulamentos com vista ao programa de desenvolvimento da agricultura da República Popular da Mongólia até ao ano 2000 e à satisfação das necessidades alimentares da população, considerou-se que era possível criar 87,4 milhões de animais (transformados em ovinos) no verão e no outono e 49,9 milhões de ovinos no inverno e na primavera (100 hectares de terreno de pastagem têm capacidade para 48,2 ovinos, em média, no Estado). O volume das culturas foi determinado com base em materiais de investigação e expedição de 1960 a 1970.

Tserendash.S e outros consideraram, na sua investigação efectuada em 2000, que existe a possibilidade de cuidar de cerca de 86 milhões de ovelhas (62 ovelhas são ecologicamente capazes de ser mantidas em 100 hectares de terreno de pastagem) em média por ano.

Quadro 1.5; Evolução da utilização das pastagens na Mongólia

	Aimag name	Rate	Number of sheep units per 100 hectare		Percentage for grazing use 2005	Percentage for grazing use 2009	Difference, percent
			2005	2009			
1	Arkhangai	62	120	183	193.5	295.2	101.7
2	Bayan-ulgii	48	57	53	118.8	110.4	-8.4
3	Bayankhongor	48	27	43	56.3	89.6	33.3
4	Bulgan	68	101	173	148.5	254.4	105.9
5	Gobi-Altai	32	26	31	81.3	96.9	15.6
6	Dornot	67	19	30	70.4	44.8	-25.6
7	Dorno-Gobi	27	23	19	34.3	70.4	36.1
8	Dund gobi	37	39	39	105.4	105.4	0
9	Zavkhan	54	49	60	90.7	111.1	20.4
10	Umnu-Gobi	20	62	21	108.8	105.0	-3.8
11	Uvurkhangai	57	14	93	70.0	163.2	93.2
12	Sukhbaatar	57	42	41	73.7	71.9	-1.8
13	Selenge	66	67	148	101.5	224.2	122.7
14	Tuv	45	61	106	135.6	235.6	100
15	Uvs	50	62	75	124.0	150.0	26
16	Khovd	37	55	61	148.6	164.9	16.3
17	Khuvsgul	69	109	147	158.0	213.0	55
18	Khentii	59	58	71	98.3	120.3	22
19	Darkhan-uul	66	142	313	215.2	474.2	259
20	Ulaanbaatar	45	208	319	462.2	708.9	246.7
21	Orkhon	68	594	1030	873.5	1514.7	641.2
22	Gobi-sumber	27	45	46	166.7	170.4	3.7
	Average of State	45.5	**46**	61.0	102.2	134.1	31.9

Fonte: Anuário Estatístico Nacional, 2005-2009; 2009

Em 2009, a utilização da capacidade de carga das terras de pastagem era de 70-97 por cento em 5 províncias, incluindo Dornod, Bayankhongor, Gobi-Altai, Dornogobi e Sukhbaatar, 213-254 por cento nas províncias de Khuvsgul, Selenge, Tuv e Bulgan, 474 por cento em Darkhan, 708 por cento em Ulaanbaatar e 1514 por cento na província de Orkhon em 2009. A utilização da carga das terras de pastagem no Estado excedeu 34,1 por cento em 2009. Em 1964, o número de ovelhas por 100 hectares de terreno de pastagem era de 40, mas aumentou para 46 em 2005 e 61 em 2009.

A capacidade de carga pode ter sido excedida devido à redução da colheita e à pobreza da composição das espécies com base no abastecimento de água, na utilização mineira e na redução do local a ser utilizado na área de pastagem devido à dificuldade de relacionamento com as estradas e ao crescimento de roedores na área de pastagem quando se considera a capacidade de carga da área de pastagem.

Além disso, de acordo com alguns investigadores (Natsagdorj, L, 2005), a colheita por hectare de terra de pastagem foi reduzida em 27% nos últimos anos, sendo possível manter 38,2 milhões de cabeças de gado (transferidas para ovelhas). Por conseguinte, a dimensão das terras de pastagem, a situação atual da eficácia e o método de cálculo são revistos e a capacidade de carga das terras de pastagem é determinada.

Assim, é necessário um mecanismo para coordenar o número de cabeças de gado em conformidade com a capacidade de carga das terras de pastagem. Outros países do mundo utilizam uma determinada metodologia para coordenar os efectivos pecuários de acordo com a capacidade de carga das terras de pastagem. Países como a Austrália e a Nova Zelândia determinam antecipadamente a capacidade de carga e permitem a criação de gado em conformidade com a capacidade de carga. Quando o gado excede a capacidade de carga, a lei impõe sanções ou coimas. No entanto, na Mongólia Interior, quando a capacidade de carga das terras de pastagem é excedida, o Estado coordena-a através das vendas de gado no mercado durante esse ano. Por esta razão, é certamente necessária uma certa coordenação por parte do Estado. Esta coordenação será o principal fator de redução da deterioração das terras de pastagem, de estabilidade ecológica, de prevenção dos riscos da criação de animais e de melhoria das condições de vida dos pastores.

A avaliação da capacidade de carga revelou igualmente que 16,5 milhões de hectares de pastagens estavam subutilizados, dos quais 3,4 milhões de hectares se deviam à falta de água e 13,1 milhões de hectares estavam demasiado afastados das povoações. A maior parte das pastagens subutilizadas situa-se na planície de Menen, no aimag de Dornod, e na zona vizinha de Sukhbaatar. A região oriental é subpovoada porque há pouca água subterrânea acessível e, consequentemente, há poucos pontos de água. Por conseguinte, a população de pastores é reduzida e concentra-se sobretudo em torno desses pontos de água. Outra ária menos povoada situa-se na região de Trans Gobi Altai, que alberga uma fauna selvagem ameaçada de extinção. Estas pastagens subutilizadas poderiam ser adequadas para áreas de reserva \otor\ e para a produção de feno. No entanto, estas áreas são muito frágeis e importantes para a conservação do ecossistema.

Os factores naturais, como a escassez de água subterrânea e o afastamento, não são os únicos factores limitativos da utilização das pastagens. A criação de reservas e áreas protegidas está a reduzir ainda mais a área de pastagem disponível. Nalgumas destas zonas, ainda é possível um pastoreio limitado, o que tem permitido o desenvolvimento da vida selvagem.

De acordo com a informação sobre a classificação das terras (2003), existem 28.000 ha de caminhos para veículos e 123.000 ha de terrenos mineiros. Todos os indicadores confirmam a gravidade do problema da degradação das pastagens como o problema ambiental mais importante que a Mongólia enfrenta e que tem consequências de grande alcance para o futuro do país.

A concentração de pastores perto de infra-estruturas e o declínio das rotações sazonais, em especial dos pequenos pastores, agravaram a degradação das pastagens em torno das infra-estruturas e dos pontos de água. São necessárias mais e melhores medições da degradação das pastagens em toda a Mongólia, bem como uma análise quantitativa cuidadosa no espaço e no tempo, para clarificar o impacto causal das alterações climáticas e das influências antrópicas na degradação das pastagens.

Tabela 1.6; Áreas com escassez de água e áreas remotas em diferentes zonas ecológicas

Ecological zone	Grazing , (million hectare)	Area grazing (percent)	Population cattle (percent)
Forest steppe	24,9	22,2	**42,7**
High Mountain	14,0	12,5	14,0
Steppe	**30,2**	26,9	24,6
Semi Dessert	26,8	23,9	13,5
Desert	16,4	14,6	**5,2**

Fonte: ALAGAC 1989-2004

A capacidade de carga das terras de pastagem não é semelhante nas zonas ecológicas. Por exemplo, as terras de pastagem representam 22% da área florestal, mas 42,7% do total de cabeças de gado são transportadas para lá. Mas o número de cabeças de gado na zona de estepe é de 26,9% e 24,6% do total de cabeças de gado, menos 18%. Considerando a percentagem da área, a legitimidade pode ser vista como sendo maior em comparação com a área de estepe.

Quadro 1.7; Estrutura do efetivo

	Camel	Horse	Cow	Sheep	Goat	Total
1933-1960	3.2	9.7	9.3	56.8	21.0	100.0
1961-1990	2.7	9.5	9.8	58.4	19.6	100.0
1991-2000	1.4	8.9	9.0	51.0	29.7	100.0
2001-2004	1.0	6.9	6.7	43.0	42.5	100.0
2005-2008	0.7	5.8	6.1	**42.4**	**44.9**	100.0

Fonte: Estudo sobre os meios de subsistência dos criadores de gado na Mongólia, 2010

Um dos factores que causam a deterioração das terras de pastagem é a estrutura do rebanho. Há muitas ocorrências em que os pastores não têm em consideração a estrutura do rebanho e falham no sistema de mercado. Vamos detalhar esta questão e ter em consideração a cabra que causou uma grande deterioração das pastagens nos últimos anos.

Por exemplo, a percentagem de cabras no rebanho total era de 21% durante o período socialista de 1933 a 1960, mas aumentou para 44,9% durante o período social de mercado de 2005 a 2008. A vaca, que não influencia as terras de cultivo, diminuiu 3,2%.

1.4.5 Degradação das terras de cultivo e método de redução

Questões complicadas que surgiram na mudança e renovação da criação de gado nómada da Mongólia:

1. Coordenação dos terrenos de cultivo
2. Riscos naturais e climáticos
3. Arranjo da saúde e do crescimento do gado
4. Comercialização e questões económicas dos produtos animais
5. Questões sociais como a educação, a saúde e a cultura
6. Coordenação dos pastores

A deterioração das terras de pastagem na Mongólia é muito influenciada por factores naturais (seca, volume de precipitação anual, loteamento) e factores humanos (tecnologia insuficiente para utilizar, proteger e melhorar as terras de pastagem de forma adequada, falta de gestão sustentável adaptável às condições do mercado ou ambiente jurídico não consolidado).

Pastagem em repouso

É urgente reabilitar as pastagens degradadas e pôr termo a processos negativos e parcialmente irreversíveis antes que se percam mais recursos do solo. A capacidade de recuperação (resiliência) das pastagens degradadas através do repouso (vedações para excluir o pastoreio) foi testada por GG, tendo sido medidos os efeitos do tempo de repouso no desenvolvimento das pastagens (rendimentos, composição das espécies, proporção de solo nu) de diferentes pastagens degradadas em diferentes zonas ecológicas.

O clima tem uma forte influência na produtividade natural de diferentes comunidades vegetais. A produtividade não varia apenas de acordo com a zona ecológica; os padrões climáticos variáveis também induzem variações inter-anuais importantes. O rendimento anual da biomassa seca ao ar varia entre uma e três toneladas por hectare, consoante o local; as variações interanuais de rendimento nos mesmos locais atingem até 200% do rendimento mais baixo medido (Livelihood Study of Herders in Mongolia, 2010).

A desfoliação frequente (mais de duas desfoliações por ano) tem um forte efeito negativo na produtividade das plantas, reduzindo os rendimentos em 25%. No entanto, são necessárias mais análises para compreender os factores que favorecem a reabilitação das pastagens durante o repouso.

O efeito negativo do sobrepastoreio (desfoliação frequente) pode ser demonstrado de forma impressionante aos pastores através da utilização de áreas vedadas para ilustrar o impacto do repouso em parcelas protegidas e o efeito do sobrepastoreio em parcelas adjacentes não protegidas. Os membros do PUG ficaram impressionados com as diferenças marcantes que são evidentes entre as comunidades vegetais cercadas e não cercadas (Figura 2.3). Esta demonstração visual do efeito positivo da gestão adaptada das pastagens provou ser uma forte motivação para os pastores se empenharem na melhoria das pastagens.

Pastoreio sazonal rotativo

A mobilidade sazonal que permite o pastoreio rotativo é uma caraterística da criação de gado nómada tradicional na Mongólia. No contexto geográfico da Mongólia, o pastoreio rotativo é necessário para a saúde e a produtividade das pastagens. O restabelecimento dos padrões tradicionais de migração sazonal é uma forma importante de assegurar o repouso sazonal das pastagens. É necessário apoio e assistência para reduzir os riscos e recuperar o planeamento da produção de alimentos para animais e o planeamento de um melhor local com novas gramíneas (Livelihood Study of Herders in Mongolia, 2010). Tendo em conta o alcance dos objectivos, as actividades conjuntas são essenciais para produzir alimentos e melhorar as terras de pastagem. Outro método para reduzir a deterioração da área de pastagem é utilizar o método ou a tecnologia mais recentes para controlar as alterações que ocorrem no modo ou na qualidade da área de pastagem e implementar a coordenação da área de pastagem, a fim de criar condições para a revitalização da área de pastagem. As medidas que incluem a qualidade, o modo ou a proteção dos terrenos de cultivo estão a ser insuficientemente implementadas em ligação com diferentes e variadas considerações da capacidade de carga dos terrenos de cultivo. Por conseguinte, é necessário processar o método ou a metodologia para calcular corretamente a capacidade de carga dos terrenos de cultivo em conformidade com as condições existentes na Mongólia, fazer uma investigação comparativa sobre as metodologias de estimativa da capacidade de carga dos terrenos de cultivo atualmente em uso, processar e observar a metodologia mais próxima da condição correta, verdadeira e real, organizar uma formação de qualificação relacionada com o acima exposto e especializar-se. É conveniente tomar uma medida para criar uma utilização baseada na capacidade ecológica de revitalização (nas caraterísticas do solo e das plantas) da área de cultivo, processar e implementar a utilização e o planeamento da área de cultivo em conformidade com a capacidade de revitalização e organizar a utilização dentro do âmbito previsto (coordenar e planear a utilização, deixando mais de 20-30 por cento das plantas).

No âmbito do trabalho de criação de uma rede geral de monitorização dos terrenos de cultivo, é necessário organizar o trabalho de modo a aumentar os pontos de monitorização dos terrenos de cultivo em soum, exigir que cada soum ilustre o desenho de planeamento utilizando o sistema de informação geográfica, especificar os trabalhos no contrato de resultados, exigir a manutenção do desenho do vigilante, publicitar & informar as actividades dos grupos de utilizadores das terras de cultivo ou dos grupos de pastores cujo plano foi implementado e obteve resultados, emitir e obter a aprovação do projeto de contrato comum para a utilização das terras de cultivo, entregar a cada soum, resumir o contrato e criar uma metodologia de gestão.

Forest steppe

High Mountain

Steppe
Desert

2 RESULTADO PARA A INVESTIGAÇÃO DO INQUÉRITO SOCIOECONÓMICO SOBRE A CRIAÇÃO DE ANIMAIS DE PASTOREIO

Resultado do inquérito socioeconómico aos pastores, realizado no âmbito do projeto "Mercado e desenvolvimento da gestão das pastagens" nos 15 soums selecionados (Battsengel, Ulziit, Ogiinuur, Dashinchilen, Gurvanbulag, Rashaant, Tseel, Tsogt, Altai, Tsetserleg, Tsagaan-Uul, Burentogtokh Tsenkhermandal, Delgerkhaan e Darkhan) dos cinco aimags (Arkhangai, Bulgan, Govi-Altai, Kuvsgul, Khentii). O inquérito foi efectuado através do método de inquérito por amostragem sobre a utilização e gestão das pastagens, a comunidade, a legislação relativa às pastagens, a criação de animais e os seus serviços e resultados.

No total, participaram no inquérito 222 pastores do projeto 15 soums. Os pastores têm diferentes níveis de educação e trabalham como pastores durante vários períodos.

O inquérito foi realizado seguindo 5 correntes principais. Nestes: 1.) Informações gerais sobre o pastor 2.) Pastagem, feno e abastecimento de água 3.) Criação de animais 4.) Receitas e despesas de uma família de pastores 5.) Organização dos pastores.

Informações gerais sobre o pastor

No total, participaram no inquérito 222 pastores, envolvidos no projeto 15 soums.

Para ver a categorização etária dos pastores, 1,4% do total de pastores tinha entre 0 e 18 anos, 29% tinha entre 19 e 35 anos, 54% tinha entre 36 e 55 anos e 15,6% tinha mais de 56 anos, respetivamente. 72% do total de pastores eram homens e 28% eram mulheres.

Para categorizar por número de animais, 29,3% tinham de 0 a 100 animais, 18% tinham de 101 a 200 animais, 35,1% tinham de 201 a 500 animais e 17,6% tinham mais de 501 animais.

Mas para ver o agrupamento dos agregados familiares dos pastores do projeto por número de animais, 21% tinham 0-100 animais, 24,6% tinham 101-200 animais, 38,3% tinham 201-500 animais e 16% tinham mais de 501 animais. Isto indica que a delegação de cada grupo de padrões de vida está envolvida no inquérito.

10% dos pastores estão a cuidar do gado até 10 anos, 38,3% de 11 a 20 anos, 23% de 21 a 30 anos, 8,7% mais de 31 anos e 6,3% não anotaram os seus anos de pastoreio. 72% eram anteriormente pastores e 28% não eram pastores.

Mas para ver o grupo de agregados familiares de pastores do projeto por número de animais; 21% tinham 0-100 animais, 24,6% tinham 101-200 animais, 38,3% tinham 201-500 animais e 16% tinham mais de 501 animais. Isto indica que a delegação de cada grupo de padrões de vida está envolvida no inquérito.

2.1 Pastagens, feno e abastecimento de água

A criação de gado pastoril na Mongólia é a principal fonte de alimentação da população, de matérias-primas para a indústria e de emprego para as pessoas. Além disso, aumenta as receitas de exportação e serve de base à tradição e à cultura nómada da Mongólia.

Só o sector da pecuária representa 21% do PIB, 80% da produção agrícola total e emprega um terço da mão de obra total. Incluindo todas as fases de valor acrescentado, tais como a venda de matérias-primas, o seu transporte, armazenamento e transformação, o sector da pecuária proporciona emprego à maioria da população da Mongólia e constitui a principal fonte de subsistência. A criação de gado pastoril depende das pastagens naturais. A utilização adequada destes recursos ricos e renováveis assegurará o desenvolvimento socioeconómico sustentável da Mongólia.

No entanto, ainda não foram resolvidas duas questões-chave inter-relacionadas, que são a certificação dos direitos de uso e posse das pastagens e a organização de uma instituição autónoma dos pastores. Em consequência, perdeu-se a proporção adequada entre as terras de pastagem, o gado e os pastores, que são os principais componentes da criação de gado pastoril. Entre 1960 e 1990, cerca de 130 mil pastores criavam 24 a 26 milhões de cabeças de gado em 125 a 130 milhões de hectares de terras de pastagem. Em 2008, 360 mil pastores criavam 43,3 milhões de cabeças de gado em 113 milhões de hectares de pastagens. Assim, nos últimos 40 anos, a área de pastagem diminuiu 15%, o rendimento das pastagens cerca de 30% (L.Natsagdorj, 2006) e a composição das espécies - duas vezes mais (L.Avaadorj, 2006). No entanto, apenas nos últimos 20 anos, o número de cabeças de gado aumentou 1,7 vezes e o número de pastores 2,7 vezes. Este facto conduziu a uma deterioração ecológica, à degradação das terras de pastagem e à desertificação. É evidente que a diminuição da precipitação anual nos últimos 60 anos em 8,7-12,5 por cento em comparação com a média de vários anos e o aumento da temperatura anual do ar em 2,1 por cento também influenciaram este processo (Instituto de Hidrologia e Metrologia).

Devido ao desenvolvimento insustentável deste sistema de pastoreio, a resistência das pastagens está a deteriorar-se e a sua capacidade de superar os riscos naturais e climáticos está a enfraquecer. Devido à falta de um sistema de comercialização adequado dos produtos animais, os preços dos produtos animais estão a flutuar e o risco está a aumentar, o que constitui a principal razão para a deterioração dos meios de subsistência, o aumento da pobreza e do desemprego. Todos estes factores têm um impacto negativo no desenvolvimento socioeconómico sustentável do país. A organização das famílias de pastores, distribuídas de forma dispersa, em organizações de base comunitária ajudará a resolver os problemas difíceis enfrentados pela criação de gado nómada.

Foi realizado um inquérito sobre pastagens, gado e pastores, que são as principais componentes da pecuária pastoril, entre pastores de soums que estão a começar a implementar o Projeto de Desenvolvimento de Gestão de Mercados e Pastagens para promover a pecuária pastoril sustentável.

Qual é a vossa principal fonte de subsistência? A esta pergunta, 69,1% das famílias de pastores responderam 'gado' e 29,3% responderam 'pasto'. As respostas por aimags: 73,3% de gado e 26,67% de pasto no aimag de Arkhangai; 87,88% de gado e 12,12% de pasto no aimag de Bulgan; 72,5% de gado e 22,5% de pasto no aimag de Govi-Altai; 58,33% de gado e 41,67% de pasto no aimag de Khuvsgul; 52% de pasto e 44% de gado no aimag de Khentii. As respostas indicam que a maioria dos pastores considera o gado como a sua principal fonte de subsistência e dá menos importância às pastagens. Os pastores podiam deslocar-se livremente para qualquer lugar e utilizar livremente as pastagens, convertendo o sistema de pastoreio de um sistema de pastagem controlada num sistema de acesso livre que conduziu ao sobrepastoreio; um exemplo clássico da tragédia dos bens comuns (Hardin, 1968).

Como está o estado do pasto que está a utilizar atualmente? 64,3% dos pastores que participaram no inquérito responderam que o pasto está de alguma forma degradado. Isto é consistente com a investigação efectuada por alguns académicos, segundo a qual mais de 70% das pastagens da Mongólia estão degradadas (D.Avaadorj, 2000; D.Dash et all, 2006; D.Erdenetuya, 2006).

Qual é a razão da degradação das pastagens? 68,5% dos pastores relacionaram a degradação das pastagens com o aumento do número de cabeças de gado e com a concentração de demasiadas cabeças de gado numa só área, enquanto 31,5% relacionaram a degradação com as alterações climáticas. Os resultados do inquérito indicam que a degradação das pastagens é causada por factores humanos, tais como a utilização desorganizada, livre e sem planeamento das pastagens, a deslocação para perto do rio e o sobrepastoreio das pastagens.

O principal método tradicional para manter o estado normal das pastagens é a utilização rotativa e o sistema de repouso. Isto está relacionado com a frequência da migração dos pastores.

Qual é a razão da migração dos pastores? 91% responderam que "para utilizar corretamente o pasto e devido à insuficiência de pasto" e 9% responderam que "devido à seca e ao dzud".

42% do total dos pastores deslocam-se 3-4 vezes por ano. Isto indica que utilizam o pasto com o método tradicional de rotação e repouso. As famílias participantes deslocam-se do campo de inverno para o campo da primavera a 19,1 km, do campo da primavera para o campo de verão a 18,0 km, do campo de verão para o campo de outono a 14,4 km e do campo de outono para o campo de inverno a uma distância média de 18,8 km. Isto mostra que, à medida que o número de animais aumenta, as distâncias e a frequência da migração aumentam. 74% das famílias com 0-100 cabeças de gado deslocam-se 1-4 vezes por ano, 26% deslocam-se mais de 5 vezes, sendo a distância média da migração anual de 15 km; no entanto, 36% das famílias com mais de 500 cabeças de gado deslocam-se 1-4 vezes por ano, 64% deslocam-se 5-8 vezes, sendo a distância anual da migração de 21 km. Os pastores na zona de estepe florestal deslocam-se anualmente 14,4 km, na região de alta montanha 17,7 km e na região de Gobi 23,3 km. As distâncias de migração são diversas nas diferentes zonas naturais, devido à dimensão da área e às particularidades da erva e das plantas. Embora os resultados do inquérito mostrem que os pastores migram, sobretudo os pastores pobres com menos gado instalam-se perto das estradas principais e das zonas residenciais, o que reduz a sua frequência de migração.

Qual é a principal dificuldade para a migração? 28% responderam que 'não têm veículo para transporte e o custo do transporte é elevado, e 23,7% responderam devido à escassez de mão de obra. O número médio de membros da família nos agregados familiares de pastores é de 2,1, e estes criam 4-5 tipos de gado, pelo que a sua mão de obra é insuficiente para numerosas actividades, como a preparação, a transformação e a venda dos produtos.

As principais razões para a degradação das pastagens são a concentração de demasiados animais numa área, o aumento do número de animais e a redução da frequência dos movimentos sazonais. Para melhorar a pastagem degradada, é necessário migrar e acampar, descansar a pastagem, utilizar a pastagem rotativamente, estabelecer uma organização de pastores, utilizar a pastagem com um plano, ajustar o número de animais com base na capacidade de carga da pastagem.

Abastecimento de água às pastagens

O abastecimento de água é o principal fator que influencia a utilização das pastagens. O resultado do inquérito sobre o abastecimento de água às pastagens mostra que 80,23% dos pastores utilizam 1 poço, 16,28% utilizam 2 poços e 3,49% utilizam 3 poços. Os pastores utilizam maioritariamente 1 poço, o que mostra que o abastecimento de água às pastagens é insuficiente. Por zonas naturais, 74,6% na zona de alta montanha, 78,3% na zona de estepe florestal e 100% dos pastores na região de Gobi utilizam 1 poço, o que também indica um abastecimento insuficiente de água às pastagens.

Como é o abastecimento de água nas suas pastagens de inverno e de primavera? 41% dos participantes no inquérito responderam "insuficiente", o que mostra que o abastecimento de água nas pastagens de inverno e de primavera é, em última análise, insuficiente. 62,7% dos pastores da região de Gobi, 22,3% da zona de alta montanha e 11% da zona de estepe florestal responderam "insuficiente". Isto mostra que o abastecimento de água nas pastagens de inverno e de primavera é insuficiente na região de Gobi.

Como é o abastecimento de água nas suas pastagens de verão e de outono? 62% dos participantes no inquérito responderam "normal" ou "bom", mas 38% responderam "difícil" ou "muito difícil". 61% dos pastores do aimag de Arkhangai responderam "normal", 80% do aimag de Bulgan responderam "normal", 53% do aimag de Govi-Altai responderam "insuficiente", 60% do aimag de Khuvsgul responderam "normal" e 70% do aimag de Khentii responderam "normal". O abastecimento de água nas pastagens de verão e de outono é insuficiente na região de Gobi.

Feno

O feno é uma fonte adicional de forragem para proteger o gado do risco de seca e de dzud e para alimentar os animais fracos e jovens durante os períodos difíceis do inverno e da primavera. Foi realizado um inquérito para saber se os pastores têm um campo de feno e se o cultivam. 68,4% dos participantes no inquérito responderam que não têm um campo de feno próprio e 31,6% responderam que têm um campo de feno.

Onde é que faz o seu feno? 60% tiram o feno em qualquer sítio que queiram, 30,4% tiram o feno em terras comuns, 9,6% tiram o feno em terras que lhes foram atribuídas pelo soum.

Melhora o seu campo de feno? 71% não tomam qualquer medida, 29% espalham estrume, protegem-no com uma vedação e recolhem a neve no campo de feno. As respostas mostram que os pastores não têm interesse em melhorar o campo de feno porque os seus direitos de posse e utilização do campo de feno não estão certificados. Isto reduz o rendimento do campo de feno durante muito tempo e afecta a capacidade dos pastores de se protegerem dos riscos climáticos. Por conseguinte, é essencial sistematizar a utilização e a posse dos campos de feno.

Devido à ausência de certificação dos direitos de uso e posse do campo de feno, surgem frequentemente disputas sobre o campo de feno e os pastores não estão dispostos a aumentar os lucros e a eficácia da criação de animais a longo prazo. Além disso, este facto influencia os pastores a darem menos importância à criação de animais, à organização dos pastores e ao trabalho comutativo, fazendo-os perder a confiança no futuro.

Com que frequência surgem conflitos de pastagens? 71% responderam "surgem frequentemente".

Qual é a razão dos conflitos de pastagem? 40% dos pastores responderam que os conflitos surgem 'por não haver limites de pastagem', 41% responderam 'os pastores não conseguem negociar uns com os outros', e 19% responderam 'por causa do gado que vem de outro soum. Isto mostra que os conflitos de pastagem surgem devido à falta de limites claros de pastagem e que os pastores não estão bem organizados para usar a pastagem. Por conseguinte, é necessário estabelecer limites claros para as pastagens, uma vez que o número de pastores e de animais está a aumentar.

Em caso de litígio, em que estação do ano surgem as pastagens? 45% dos participantes no inquérito responderam "nas pastagens da estação do inverno" e 29% responderam "nas pastagens da estação da primavera". No entanto, o número de litígios é relativamente menor nas pastagens de verão e de outono. Os litígios surgem quando os pastores protegem as pastagens de inverno e de primavera, e porque as pastagens de inverno e de primavera dos pastores estão demasiado próximas umas das outras.

Para resolver estas questões difíceis e complexas da criação de gado pastoril na Mongólia, é extremamente importante, em primeiro lugar, **certificar o direito dos pastores a possuir e utilizar as pastagens**.

Quer ter o seu próprio pasto? 87% dos pastores responderam "sim" e 13% responderam "não". 81,8% dos pastores do aimag de Arkhangai, 94,3% do aimag de Bulgan, 87,5% do aimag de Go vi-Altai, 88,2% do aimag de Khuvsgul e 83,3% do aimag de Khentii responderam que querem ter o seu próprio pasto. Isto mostra que os pastores querem ter o seu próprio pasto com determinados limites, a fim de melhorar e utilizar racionalmente o pasto através da rotação e do descanso. De acordo com este inquérito, os pastores querem ser os proprietários legais das suas terras e pastagens.

Para certificar o direito de posse da pastagem, **é importante definir os limites da pastagem** para a posse da pastagem. Na criação de gado pastoril nómada, é conflituoso garantir a segurança das pastagens (direito de posse) e satisfazer as necessidades e requisitos de flexibilidade nómada (Fernandez-Gimenez, 2002). É difícil certificar um limite fixo na criação de gado pastoril nómada porque depende estritamente das condições naturais e meteorológicas.

É necessário envolver a participação dos pastores na tomada de decisões para definir os limites das pastagens. Em primeiro lugar, os pastores que estão afectados aos mesmos limites devem ter uma mente comum, em segundo lugar, é necessário definir os limites das pastagens tendo em conta a capacidade de migração e o sistema nómada tradicional. Além disso, a administração, os especialistas e os representantes dos pastores do soum e do soum vizinho devem discutir e conciliar-se aquando da definição dos limites das pastagens. Os pastores que estão a utilizar as pastagens dentro dos limites de pastagem definidos estabelecerão conjuntamente um grupo de pastores e todos os pastores devem tornar-se membros do grupo de pastores. O grupo de pastores deve adotar e seguir o plano e os regulamentos. Em caso de litígio sobre as pastagens, o litígio deve ser resolvido na reunião do saco e do grupo de pastores.

Concorda com a definição dos limites das pastagens para os seus campos de inverno e de primavera? 57,3% dos pastores responderam "sim", enquanto 42,7% responderam "não".

A maioria dos agregados familiares de pastores está disposta a ter limites de pastagem claramente definidos para os seus campos de inverno e primavera, uma vez que as pastagens de inverno e primavera são a sua principal fonte de criação de gado e de superação das dificuldades do inverno e da primavera. Por um lado, isto deve-se à diminuição da produção de pasto em 3 vezes e do valor nutricional em 2,5-3 vezes nas estações de inverno e primavera, por outro lado, em alguns anos, devido a fortes nevões, algumas ou todas as partes do pasto tornam-se impossíveis de utilizar.

Como devem ser definidos os limites das pastagens para os campos de inverno e de primavera?

58% dos pastores responderam que 'é melhor determinar os limites das pastagens com base nos limites tradicionais que estão a ser usados atualmente, independentemente do número de cabeças de gado'. Sugeriram que, ao definir os limites das pastagens, é necessário ter em conta o estilo de vida e a estrutura nómada actuais dos pastores, bem como a tradição de utilização das pastagens

A quem deve ser concedida a posse das pastagens de inverno e de primavera? 44,4% dos participantes responderam 'grupo de pastores', 41,3% responderam 'famílias de pastores' e 14,3% responderam que a posse do pasto de inverno e de primavera deve ser concedida a 'khot ail'. De acordo com esta resposta, os pastores responderam que é correto conceder a posse do pasto a famílias ou grupos de pastores.

Para ver as respostas por número de animais, 26,2% das famílias de pastores com 1.100 animais, 48,7% das famílias de pastores com mais de 501 animais responderam que a posse do pasto deve ser concedida às famílias de pastores. As famílias ricas com muitos animais têm interesse em possuir e usar o pasto sozinhas.

Realizámos um inquérito sobre a possibilidade de permitir que os animais dos pastores e grupos de pastores entrem nas pastagens de outros pastores ou grupos de pastores em caso de situação de emergência, a fim de reduzir o risco da criação de animais e manter a elasticidade nómada e o sistema tradicional.

Permitiria que os animais de outro pastor entrassem no seu pasto depois de os limites do pasto de inverno e primavera terem sido definidos e a posse do pasto ter sido concedida? 61% dos pastores responderam "sim" e 39% responderam "não". **Deixaria que outros pastores utilizassem o seu pasto de inverno e de primavera em caso de seca e de dzud?** 50% responderam "sim" e 50% responderam "não". **Se os deixasse utilizar o seu pasto, aceitaria um pagamento?** 76,3% responderam 'sim' e 23,7% responderam 'não'. **Se os deixasse utilizar o seu pasto,**

estabeleceria um horário? 83% responderam 'sim' e 17% responderam 'não'. De acordo com estas respostas, os pastores aceitariam o pagamento e estabeleceriam um horário para deixar que outros pastores usassem o seu pasto.

Concordaria e seguiria as condições acima descritas se se deslocasse e utilizasse o pasto de outro pastor em caso de condições climatéricas adversas? 90,2% responderam "sim" e 9,8% responderam "não". Isto mostra que, em caso de condições climatéricas adversas, os pastores concordam mutuamente em utilizar o pasto de outro pastor com base nas condições de pagamento e de fixação do tempo de utilização do pasto.

A falta de legislação sobre a definição dos limites das pastagens e **a não regulamentação do número de cabeças de gado de acordo com a capacidade de carga das pastagens é a principal razão para a degradação das pastagens.** Este facto pode ser constatado nos resultados do inquérito.

Pretende aumentar o número de cabeças de gado? 90% dos pastores responderam 'sim' e 10% responderam 'não'. 69,1% dos participantes no inquérito responderam que o gado é a sua fonte de subsistência, o que mostra que os pastores querem aumentar o número de cabeças de gado. A capacidade de carga das pastagens em 15 soums é excedida quase 2 vezes, enquanto 90% dos pastores querem aumentar o seu efetivo pecuário, o que é outra das principais razões para a degradação das pastagens. Por conseguinte, é essencial dispor de regulamentação legislativa para limitar o número de cabeças de gado com base na capacidade de carga das pastagens.

É necessário limitar o número de cabeças de gado? 55,5% dos pastores responderam "necessário" e 44,5% responderam "não necessário".

Qual o número de cabeças de gado mais adequado para cada família de pastores? 25% responderam '0-300 animais', 32,1% responderam '301-500 animais', 35,7% responderam '501-1000 animais', 7,1% responderam 'mais de 1000 animais' e 68% responderam '500-600 animais' são os mais adequados. Para ver o agrupamento do número de animais, 42,9% das famílias de pastores com 0-100 animais responderam que é apropriado ter 0-300 animais, 45,5% das famílias de pastores com 201-500 animais responderam 501-1000 animais, 60% das famílias de pastores com mais de 501 animais responderam que é mais apropriado ter 501-1000 animais. Os pastores com mais de 500 animais têm interesse em manter o número de animais entre 500-1000.

Porque é que é necessário restringir o número de animais? 24% dos agregados familiares de pastores responderam 'as famílias de pastores com mais de 1000 animais aumentaram', 34% responderam 'devido às condições climatéricas' e 42% responderam 'devido a pasto insuficiente'. Isto mostra que os pastores apoiam a restrição do número de cabeças de gado devido ao aumento do número de cabeças de gado e à insuficiência de pasto.

Quem deve ser responsável pela limitação do número de cabeças de gado?
11% responderam 'governador do soum', 13% responderam 'grupos de pastores' e
76% responderam que os "pastores" deveriam ser responsáveis. Isto mostra que os
pastores querem restringir o seu próprio número de cabeças de gado. Isto contradiz a
declaração do nº 3 do artigo 14º da Lei sobre Plantas Naturais, que diz: "Os
governadores de soum, distrito, saco, khoroo decidirão as questões da concessão da
utilização de terras de pastagem e feno com base no calendário e na sua capacidade, a
fim de preservar as plantas, criar condições adequadas para a preservação das plantas
e proteger as plantas". Isto mostra que é um desafio restringir o número de cabeças de
gado. Por outras palavras, a opinião dos pastores está em conflito com a política
governamental.

**Que tipo de sanções devem ser aplicadas aos pastores que excedem o
número de cabeças de gado em relação à capacidade de carga das pastagens?**
49,3 dos pastores responderam "deve ser cobrada uma multa monetária", 24,6%
responderam "deve ser cancelado o direito de posse das pastagens de inverno e
primavera" e 26% responderam "deve ser responsabilizado judicialmente".

2.2 Criação de animais

Nesta parte, fizemos um inquérito sobre o número de cabeças de gado, a criação de
animais e os serviços veterinários dos pastores.

Na sua opinião, como é o serviço veterinário do seu soum? 63,5% dos
pastores responderam que "o serviço veterinário do soum é muito mau ou melhor do
que nada", o que mostra que o serviço veterinário é mau. Os pastores têm interesse
em acções de formação sobre veterinária e criação de animais, em melhorar os seus
conhecimentos e em inscrever uma pessoa do grupo de pastores na escola de
veterinária.

Se o seu gado ficasse doente, iria a uma clínica veterinária? 78%
responderam "sim" e 22% responderam "não, eu próprio tomaria medidas".

Embora os pastores tenham respondido que o serviço veterinário é muito mau
ou melhor do que nada, a maioria dos pastores respondeu que iria a uma clínica
veterinária se os seus animais ficassem doentes. Isto indica que o serviço veterinário
é muito procurado nos soums.

Quanto é que pagou por serviços veterinários este ano? Um agregado
familiar pagou, em média, mais de 260 tugriks pelo serviço veterinário por unidade
de ovinos. De acordo com esta resposta, embora os pastores tenham interesse nos
serviços veterinários, têm menos interesse nos serviços pagos.

Como é a qualidade do seu gado? 64% responderam "média ou má". **Como é
que organizam a vossa criação de animais?** 54% dos pastores responderam
"trocam cabras e ovelhas machos com as famílias vizinhas". Isto mostra que o
trabalho de criação de animais não está organizado, o que resulta em

consanguinidade do gado e afecta negativamente a qualidade e os benefícios do gado.

Que tipo de gado gosta de criar? 41% responderam 'ovelha', 28% responderam 'vaca' e 6% responderam 'cabra'. De acordo com estas respostas, os pastores têm menos interesse em criar cabras, provavelmente porque as cabras têm uma influência negativa sobre as pastagens, em vez de trazerem benefícios. Mas, dependendo da peculiaridade da região, 80% do gado atual no Govi-Altai aimag é caprino e 14,3% dos pastores responderam que querem criar cabras.

Porque tenciona criar este tipo de gado? 40,7% dos participantes no inquérito responderam "resistente ao dzud", 20,3% responderam "fácil de pastorear" e 39% responderam "devido aos elevados benefícios".

2.3 Rendimento, despesas e bens dos agregados familiares de pastores

Nesta parte do inquérito, pretendemos clarificar a situação socioeconómica das famílias de pastores que participaram no inquérito.

O Governo da Mongólia fixou o salário mínimo mensal em 140 400 tugriks. O número médio de membros das famílias de pastores que participaram no inquérito é de 2,2 e cada família tem de obter um rendimento anual de 3,7 milhões de tugriks para poder beneficiar do nível de vida mínimo. De acordo com o inquérito, uma família de pastores com menos de 200 animais não pode cumprir este requisito, pelo que, para atingir o nível de vida mínimo, uma família deve ter mais de 200 animais. 95,7% do rendimento das famílias de pastores provém da produção animal. Para ver os resultados por aimags, 82,1% dos pastores do aimag de Arkhangai, 76,9% dos pastores do aimag de Bulgan, 97,83% dos pastores do aimag de Govi-Altai, 66,87% dos pastores do aimag de Khuvsgul e 75,83% dos pastores do aimag de Khentii obtêm rendimentos da produção animal.

Que tipo de produto pecuário proporciona o maior rendimento em dinheiro? (por favor, classifique-os) 66,4% classificaram a caxemira como 1ʳᵈ , 44,8 classificaram a carne como 2ʳᵈ 52,3% classificaram a pele e o couro como 3ʳᵈ· , 26,6% classificaram a lã como 4ʳᵈ e 23,2 classificaram o leite como 5ʳᵈ . De acordo com estas respostas, a principal fonte de rendimento dos pastores é a caxemira e a carne, e o restante rendimento provém do leite, dos produtos lácteos, dos empréstimos, das pensões e das ajudas.

Despesas familiares. Para classificar as despesas da família de pastores como consumo doméstico, custos de produção e outras despesas, 50% das despesas totais da família são consumo doméstico, 34% são custos de produção e 16% são outras despesas. As despesas de consumo doméstico e as propinas dos filhos constituem a maior parte das despesas da família. Como se pode ver por este resultado, o sector nómada da criação de animais utiliza gratuitamente o pasto e a água, pelo que o custo de produção é relativamente baixo.

Tem poupanças? 37,9% dos pastores têm poupanças e 62,1% deles não têm poupanças. Em termos de número de animais, 72,4% das famílias de pastores com 101-200 animais não têm poupanças, ao passo que 50% das famílias de pastores com mais de 501 animais têm poupanças. 40% das famílias de pastores dos aimags de Bulgan e Khuvsgul têm poupanças, ao passo que 64,7% das famílias de pastores do aimag de Arkhangai têm poupanças, porque no aimag de Arkhangai as infra-estruturas estão bem desenvolvidas, o número de animais é elevado e o rendimento dos pastores proveniente da criação de animais e da criação de outros animais é elevado. Para além disso, este ano tiveram uma venda elevada de gado, o que influencia este resultado.

Como as famílias de pastores não registam os seus rendimentos e despesas, os dados utilizados no inquérito não podem constituir uma fonte fiável para determinar os seus rendimentos e despesas. Por conseguinte, é necessário precisar este tipo de inquérito.

O seu rendimento é suficiente para a sua subsistência? 53,2% responderam "sim" e 46,8% "não". Para ver as respostas por aimags, 62,9% no aimag de Arkhangai, 55,9% no aimag de Bulgan, 45% no aimag de Govi-Altai, 46,3% no aimag de Khuvsgul e 61,9% das famílias de pastores no aimag de Khentii responderam "sim", respetivamente. Para ver os resultados por grupo de animais, 58,6% das famílias de pastores com 0-100 animais responderam "insuficiente". Isto mostra que o rendimento familiar está diretamente relacionado com o número de animais. Os pastores com menos animais precisam de aumentar o seu rendimento não relacionado com a criação de animais, para além da criação de animais.

Os pastores sugeriram muitas formas diferentes de melhorar a sua vida, tais como a melhoria das pastagens, o melhoramento da raça animal para intensificar a criação de animais, a gestão de pequenas e médias produções, a agricultura, o estabelecimento de campos de feno com irrigação e a sua proteção com vedações, a venda de matérias-primas a preços mais elevados, a organização de grupos de pastores, a existência de pastagens de inverno e de primavera, participar em projectos, plantar legumes, criar outras fontes de rendimento para além da pecuária, gerir pequenas e médias empresas, perfurar poços, ter maquinaria de pequena escala, manter a silvicultura, ter empregos com salário fixo, conservar a natureza, criar carpintarias e acampamentos turísticos, e obter equipamento e aprender tecnologias para fazer a transformação inicial dos produtos animais.

2.4 Organização dos criadores

A utilização das pastagens naturais é regulada por determinadas instituições. Que tipo de instituição deve ser criada na criação de gado pastoril continua a ser uma questão sem resposta.

Está disposto a colaborar com outros pastores? 92,5% dos pastores responderam 'sim' e 7,5% responderam 'não'. Isto mostra que os pastores preferem o trabalho em colaboração do que o trabalho individual.

Em caso afirmativo, com que objetivo pretende colaborar? 62% responderam 'para usar o pasto de forma colaborativa e fazer acampamentos', 16% responderam 'para fazer feno', 12% responderam 'para melhorar a raça animal', 10% responderam 'para desenvolver a indústria de pequena e média escala', e 1% respondeu 'para vender produtos'. Isto mostra que os pastores trabalham em conjunto para utilizar as pastagens de forma colaborativa. Por conseguinte, é necessário estabelecer uma organização de pastores e desenvolver a colaboração e cooperação dos pastores com base em pastagens comuns.

Qual é a razão para o pouco interesse na colaboração? 69% responderam "devido a uma insuficiente confiança mútua" e 31% responderam "têm poucos animais, pelo que não necessitam de colaboração".

Esta pergunta aberta tinha como objetivo determinar o que era necessário para a colaboração, tendo os pastores considerado que a confiança mútua e a unidade eram os aspectos mais importantes e que era necessária uma política estatal em matéria de organização, formação, consultoria e apoio financeiro.

Que tipo de organização de pastores é a mais adequada? 31% dos pastores responderam "baseada em pastagens", 56,1% responderam "baseada na criação de animais" e 13% responderam que a organização de pastores "baseada no comércio" é a mais adequada.

Quantos membros são apropriados para uma organização de pastores? 14,6% dos participantes no inquérito responderam "até 5 membros", 23,8% responderam "6-10 membros", 28,0% responderam "11-20 membros" e 33,5% responderam "mais de 21 membros". De acordo com o inquérito, o tamanho mais adequado da organização de pastores é ter **mais de 21 membros** e a organização de pastores baseada em pastagens precisa de envolver muitas famílias e um grande território para poder migrar e proteger as pastagens.

O que é necessário para a colaboração dos pastores? 26,1% dos inquiridos responderam "formação e publicidade", 47% responderam "iniciativa e gestão" e cerca de 20% responderam "equipamento e investimento". Isto mostra que a formação e a publicidade, a promoção da iniciativa e a prestação de assistência em matéria de gestão e organização são necessárias para que os pastores criem uma organização de pastores, mais do que a assistência material e financeira.

3 ANALISAR A APLICAÇÃO DO PLANEAMENTO DAS PASTAGENS NA MONGÓLIA

3.1 Implementação do plano de gestão das terras da gama

Os planos de Telmen soum da província de Zavkhan e de Tsengel soum da província de Bayan-Ulgii foram processados de acordo com a metodologia aprovada pelo Departamento de Posse de Terras, Geodesia e Cartografia em 2006. A formação para o processamento do plano envolveu representantes, incluindo 50-60 pastores, governadores de saco, especialistas do gabinete de administração do governador ou especialistas agrícolas e supervisores fundiários, em média por soum. O capítulo envolve o resultado da investigação que processou o plano de gestão das terras de cultivo com a participação de especialistas relacionados com as terras de cultivo, tais como especialistas agrícolas, especialistas em terras de cultivo, inspectores ambientais e a participação dos cidadãos.

Quando o plano é processado:

> Os participantes avaliam o estado atual das terras de pastagem do soum e determinam se as terras de pastagem estão deterioradas ou não. Por exemplo: entretanto, os pastores do soum de Ikh Tamir consideram que a área de pastagem de verão ao longo do rio Tamir, do rio Ider do soum de Telmen e do rio Tuul do soum de Undurshireet está muito deteriorada, mas foi feita uma avaliação de que a área de pastagem do soum de Tsengel está muito deteriorada em torno dos bairros de inverno e primavera do soum de Tsengel e a área de pastagem do soum de Ulziit está muito deteriorada em torno dos seus poços e pontos de irrigação. Por outro lado, foi determinado, de acordo com a avaliação feita pelos pastores das aldeias de Tsengel e Telmen, que a área de pastagem em alguns bairros de inverno e primavera está a ser muito deteriorada porque por vezes não é evacuada.

> 29,4% do total de opiniões dos participantes no questionário para determinar a razão da deterioração das terras de pastagem envolve razões que dependem de alterações naturais e climáticas, 35,3% envolve razões que dependem do crescimento do gado, 11,8% envolve razões de zoom num local e 23,5% envolve todas as razões acima referidas.

> Relativamente à pergunta sobre o que contribuirá para a redução da degradação das terras de pastagem, responderam que é necessário deslocar-se e

migrar para um local melhor com novas ervas, melhorar o abastecimento de água (a maioria dos pastores em Ulziit soum) e restaurar as terras de pastagem de acordo com a estrada. Uma parte diz que o gado precisa de ser melhorado para reduzir o gado, mas outra parte diz que precisam de discutir mutuamente e entrar em coordenação. Há também outras opiniões no sentido de melhorar a preparação dos campos de feno ou dos alimentos para animais.

- A fronteira do local da unidade foi identificada com base na determinação da rota nómada tradicional que utilizava a área de pastagem durante as quatro estações do ano num determinado soum e saco. Assim, foi estabelecida uma parte dos utilizadores das terras de pastagem, tendo sido determinada a fronteira com base no princípio do povoamento e na tradição nómada dos pastores.

- Mesmo que a maioria dos pastores tenha respondido "muito bem" à pergunta "Podem decidir em conjunto as questões relativas à exploração das terras de pastagem dentro de determinada fronteira", houve quem dissesse que é difícil trabalhar em conjunto porque os pastores de Ulziit soum passam de um sítio para outro durante o período em que a erva não cresce. O plano de gestão das terras de pastagem de um determinado soum foi desenvolvido através da intercomunicação e da integração de todas as opiniões.

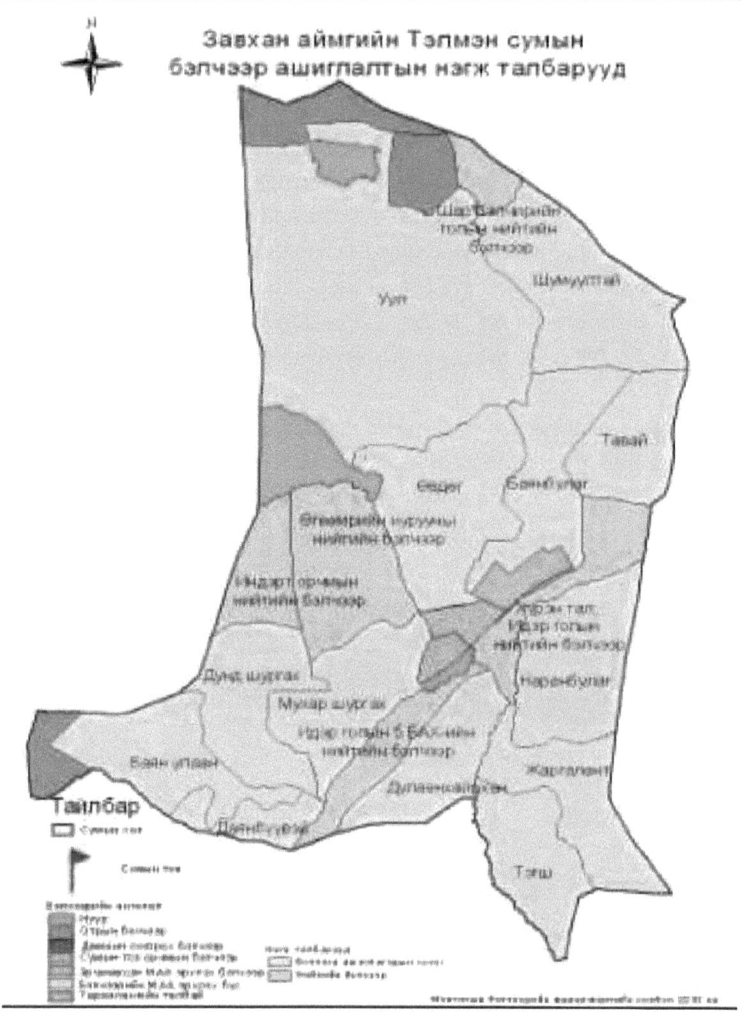

Figura 3.1; Cartografia do planeamento das terras de pastagem em Telmen soum Fonte; Planeamento das terras de pastagem em Telmen soum, 2008

O soum de Telmen da província de Zavkhan foi tomado como exemplo porque o conteúdo e a estrutura do plano são geralmente semelhantes. Este soum foi dividido em 18 partes de utilizadores de pastagens. Antes de analisar a estrutura e o conteúdo do plano elaborado com a participação dos cidadãos em 2006, foi estudada a aplicação das medidas de gestão das terras de pastagem. A fim de identificar completamente a coleção de planos de gestão das terras do soum, que está a ser implementada na Mongólia atualmente, há concluiu-se que, em média, estão planeadas 8 medidas em soum, quando a comparação é feita por 12 medidas adequadas, que devem ser descritas no plano de gestão de terras de soum no domínio da gestão de terras de pastagem e utilização de terras de pastagem de 62 soum.

Tabela.3.1; Elaboração do plano de utilização dos solos de soum no ano de 2007

	Төлөвлөгөөнд тусгагдсан арга хэмжээ Nominal arrengement in the plan Planned Measures	Arkhangai	Bayan-Ulgii	Bayankhongor	Selenge	Dundgobi	Zavkhan	Uvurkhangai	Umnugobi	Tuv	Uvs	Hovsgol	Khentii	Total	Percentage, %
	Number of soum	3	5	2	2	3	14	3	2	5	3	16	4	62	'
1	To possesses of land for under winter and spring camp	2	5	2	2	3	14	3	1	5	3	14	4	58	93.5
3	To possessed and use of haymaking land	3	5	2	2	0	12	3	0	5	2	5	4	43	69.3
4	Pasture and haymaking biomass estimation and regulate pasture carrying capacity	2	3	0	1	0	4	1	0	2	0	2	1	16	25.8
5	To rotate use of summer and autumn pasture	1	1	0	0	0	1	1	0	0	0	6	1	11	17.4
6	To improve pasture	1	1	0	0	1	1	0	1	1	0	10	2	18	29
7	Usage and schedule of encampment for reserve land	0	0	0	0	0	2	0	0	1	0	2	1	6	9.6
8	To improve for usage of under-utilization and un usage of pasture	0	0	0	0	0	0	1	0	0	0	1	0	2	3.2
9	To pest control for rodents	0	1	0	0	0	0	0	0	0	0	3	1	5	8
10	To manage of winter migration with herds fo r better place for climatic hardship	0	1	0	0	3	0	0	2	1	0	3	1	11	17.8
11	Pasture resting, resting	0	0	0	0	0	0	0	0	0	0	2	0	2	3.2
12	To improve pasture irregation	3	5	2	2	3	10	3	2	5	3	16	4	58	93.5
13	To possess and use for land to intensive farming	0	1	0	1	0	2	0	0	1	0	4	1	10	16.1
	Amount of soum	12	23	6	8	10	46	12	6	21	8	68	19	-	-
	Number of arrengement per soum	4	4.6	3	4	3.3	3.3	4	3	4.2	2.7	4.3	4.8		-

Considera-se que quantas medidas são geralmente descritas no domínio da gestão das terras de pastagem no plano de gestão das terras de 62 soum.

❖ Para melhorar o abastecimento de água às pastagens - 93,5 por cento

❖ Possuir - sob terra para o acampamento de inverno e primavera - 93,5 por cento

❖ Para utilizar terras de feno - 69,3 por cento

❖ Arranjo de menos de 20 por cento e mais de menos

❖ Para melhorar as pastagens não utilizadas 3,2 por cento

❖ Pastagem em repouso, em repouso - 3,2 por cento

❖ Plano de utilização do acampamento para terras de reserva devido a dificuldades climáticas - 17,8 por cento

❖ Para controlo de pragas para roedores - 8 por cento

❖ Possuir e utilizar terras para agricultura intensiva -16,1 por cento

❖ Rotação da utilização das pastagens de verão e de outono -17,4 por cento

❖ Pastoreio rotativo de pastagens de verão e de outono;-17,4 por

De acordo com o acima exposto, é possível constatar que existe uma atitude diferente em relação ao planeamento das medidas a implementar no domínio da gestão das terras de pastagem em cada soum. Em particular, os pastores e os grupos da província de Bayan-Ulgii prestam mais atenção à verificação do poder de utilização dos terrenos de pastagem e a utilização adequada dos recursos e a introdução de métodos eficazes são tidos em consideração nos soums da zona de estepe e de estepe florestal, mas a irrigação dos terrenos de pastagem e o acampamento são planeados principalmente nos soums da zona de Gobi.

Além disso, a partir do processamento do plano de gestão de terras em 62 soums, há 3,217,4 por cento de medidas de intercâmbio de terras de pastagem, de passagem e de relaxamento, que são medidas importantes da gestão de terras de pastagem. Por conseguinte, o plano de gestão das terras de pastagem deve ser simples e claro e ter um desenho da utilização e planeamento das terras de pastagem, bem como um plano flexível que proponha medidas adequadas para uma determinada zona.

Quadro 3; pontos fracos do planeamento da utilização dos solos no soum

Confirmação e tratamento de **um** plano

> Não se trata de um plano baseado em estudos de investigação e contabilidade.
> **Não previsto no plano de custos de execução, fonte** e hipótese de especialista.
> **Não anexa para nota da reunião do HTX, do Conselho de Governadores e da apresentação e introdução do plano**

Aprovado pelo Governador e pelo Presidente do Conselho de Representantes dos Cidadãos

Permitido pelo protocolo do Conselho de Representantes dos Cidadãos

> **Parecer do Herder**

Não programado no plano

> Direitos de certificação a grupos de utilizadores de pastagens para pastoreio, propriedade e posse de terras no inverno e na primavera
> Gestão de pastagens para terrenos de pastagem de acampamento e de reserva
> Melhorar as pastagens e os prados
> Para a rotação sazonal das pastagens
> Ajustar a capacidade de pastagem ao efetivo e ao tipo
> Irrigação de pastagens e utilização de pastagens não utilizadas ou pouco utilizadas
> Criação intensiva de animais e pastoreio planeamento da irrigação de pastagens e utilização de pastagens não utilizadas ou pouco utilizadas

As relações de propriedade, utilização e posse são organizadas no plano de gestão das terras de um determinado ano para a maioria das regiões do nosso país, mas o planeamento das pastagens e as medidas para melhorar as terras de pastagem não são descritos.

Hoje em dia, é importante desenvolver e implementar um planeamento eficiente da gestão fundiária que se apoie na política de gestão fundiária, ouça os cidadãos, descreva de forma óptima as necessidades presentes e futuras e crie um desenvolvimento social e económico sustentável. Olhando para a estrutura de planeamento dos soums que participaram na investigação, considera-se que a coordenação da posse legal da terra está a ser implementada ao nível do soum. Não existe nenhum soum que se desenvolva de acordo com a metodologia de planeamento anual da gestão fundiária do soum e o número de grupos de planeamento não é semelhante. Ikh Tamir e Telmen soums têm 5 grupos de planeamento, Tsengel soum tem 9 grupos de planeamento, Undurshireet soum tem 9 grupos de planeamento, Ulziit soum tem 8 grupos de planeamento. A especificação de uma questão para implementar a governação estatal nas áreas locais não está descrita na metodologia de planeamento do soum de Telmen, mas mostra que o planeamento do soum não está a ser desenvolvido de acordo com a metodologia integrada.

Isto mostra que o planeamento da gestão das terras dos soums não está ordenado, porque as medidas de exploração e proteção das terras agrícolas devem ser descritas no segundo grupo da metodologia de planeamento e o planeamento das terras para arrendamento com prioridade para utilização conjunta no soum de Ikh Tamir, o registo do relatório de registo de contas do fundo geral das terras no soum de Telmen, a gestão das terras agrícolas no soum de Tsengel e as medidas de posse das terras durante o inverno e a primavera nos soum de Undurshireet e Ulziit.

Além disso, é importante determinar a solução de gestão das terras dos soums adequada às caraterísticas do gado mongol, à ecologia, à migração e à metodologia tradicional de criação de gado, com base no método de planeamento de baixo para cima que está a ser utilizado na atual gestão das terras. É adequado adotar medidas para permitir a propriedade, a exploração e a posse no planeamento, que é aprovado anualmente pela Reunião de Representantes dos Cidadãos do soum com o plano e o desenho dos utilizadores das terras. O planeamento do ordenamento do território deve descrever as medidas a implementar num ano e os principais indicadores devem ser descritos, mas é necessário incluir as medidas a implementar, tendo planeado determinados indicadores e medidas por base e subclassificação do fundo geral de terras a longo e médio prazo, em conformidade com a situação no soum.

Para planear de acordo com esta metodologia integrada, é necessário tornar o presidente do departamento fundiário capaz, fornecer pessoal profissional e mudar e renovar a metodologia.

A opinião dos pastores não pode ser expressa no planeamento da gestão das terras de pastagem no planeamento da gestão das terras de um determinado ano. O planeamento não é implementado de todo devido à insuficiente declaração de muitas coisas, tais como a pessoa responsável, o período de implementação, a localização das terras de intercâmbio e de relaxamento, a supervisão, a implementação, a utilização das terras de pastagem que não estão a ser utilizadas.

Mas o planeamento desenvolvido ao nível do grupo e da parte é relativamente detalhado e centrado na área de cultivo. É difícil resolver as questões de melhoramento, proteção e monitorização da área de cultivo dependendo de um número reduzido de famílias e a dimensão da área de cultivo é insuficiente para ser explorada e possuída pelo nível de grupo durante um longo período.

Não pode ser o tipo adequado para desenvolver e implementar o planeamento do uso da terra, mas seria uma forma organizacional em conformidade com o envolvimento na pequena produção para aumentar o rendimento dos pastores.

Foi considerado um tipo adequado de desenvolvimento do planeamento do ordenamento do território, uma vez que a área de pastagem foi dividida em unidades definidas para utilização de acordo com a tradição de criação de animais dos soums, incluídos na organização parcial.

Neste território, os pastores estão incluídos numa organização parcial e estão a ser criadas as condições básicas para a implementação de medidas combinadas com o envolvimento na pequena produção, melhoria, proteção e monitorização das terras de cultivo. O planeamento e a coordenação do ordenamento do território baseiam-se na participação pública e devem ser simples, compreensíveis e utilizáveis pelos pastores todos os dias. Assim, seria fundamental criar condições para que o planeamento seja implementado na vida e não no papel.

A estrutura de planeamento desenvolvida pela metodologia para desenvolver o plano de gestão territorial do soum aprovado em 2005 não é planeada de acordo com a metodologia e não é semelhante. O calendário de planeamento de 2005 em Tsengel soum, província de Bayan-Ulgii, desenvolvido pelo método de baixo para cima, foi comparado com o calendário de planeamento de 2010, desenvolvido com a participação dos cidadãos.

Quadro 3.3; Planeamento das terras de pastagem de Tsengel soum

Pasture land use plan of theTsengel soum in 2005	Pasture land use plan of theTsengel soum in 2010
To include of winter, spring and autumn pasture land size	Basic information of pasture management
About pasture carrying capacity is to overstock by 70.1 thousand cattle	Investment and measures for pasture management on 2009-2012 year
To estimate devourment of grasshopper by 40-60 percent of the harvest	To work out an order rule of pasture use and fencing for grassland and to make schedule of pasture rotation
To approve new rule for seasonal pasture use. To protect depredation from cattle of winter and spring pasture land before May 25	To make chart of pasture use and to manage otor for large cattle, to guard for regulate to move other place to prepare reserve of fodder
To establish herder group and encouragements worthy initiative of local herder for improve pasture management	To discuss group of pasture user and organizational matters of group.
	Calculation of land size and carrying capacity of Pasture use group.
	Pasture rotation for Summer and autumn
	Reserve the land-use plan for otor
	Plan for pasture water supply
	Rehabilitated damaged or broken wells
	Plan for haymaking land
	land use plan for unused pasture

A medida de gestão das terras de pastagem está especificada no plano de gestão territorial de 2005 do soum de Tsengel de forma demasiado genérica e não é implementada porque as questões como as terras que serão libertadas e para onde migrarão não são claras, mesmo a utilização das terras de pastagem por estação e a libertação de certas terras nomeadas dos trimestres de inverno e primavera são indicadas.

Assim, o planeamento de 2010 tem a possibilidade de ser implementado, uma vez que descreveu completamente as questões como a exploração adequada das terras de cultivo, a medição da proteção, o período de implementação, o local de migração, a pessoa responsável, o local de relaxamento e intercâmbio de terras e a supervisão, tendo planeado a medição da gestão das terras de cultivo a ser implementada a médio prazo.

Tendo em conta a dimensão dos terrenos da maioria dos soums da Mongólia, 90-99% do território é ocupado por terrenos de cultivo na maioria dos soums. Por conseguinte, é necessário desenvolver o planeamento das terras de pastagem de acordo com a metodologia de desenvolvimento do planeamento anual da gestão das terras de soum, alterar a metodologia, integrar alguns quadros concomitantes e desenvolver o planeamento da gestão das terras de pastagem com base na metodologia de planeamento de baixo para cima das terras de pastagem.

Para responder às exigências e necessidades, o ordenamento do território deve ser flexível e publicitário, baseado na tradição de exploração por migração e na forma de ativação da participação dos cidadãos, em conformidade com o território ecológico e deve incluir o método de baixo para cima.

É descrito na nova ideologia que está a ser introduzida na teoria e na prática do direito fundiário, segundo a qual o Estado pode impor direitos e responsabilidades e impor limitações ao proprietário fundiário em relação à terra. Esta ideologia depende diretamente da ideologia do respeito pela liberdade e pelos direitos dos outros no quadro da lei e dos princípios administrativos modernos do ecossistema.

3.1.1 Melhoria do método de planeamento das terras de pastagem em soum

O método de planeamento da exploração da terra desempenha um papel importante para fornecer uma realidade e elevar a base da ciência do planeamento. Estão a ser utilizados dois métodos básicos: de baixo para cima e de cima para baixo. O planeamento de baixo para cima baseia-se no método de participação.

Existem muitas teorias de planeamento relacionadas com o método de participação. Em particular, há um grande número de teorias de planeamento, como o planeamento estratégico (Bryson, Einsweiler, 1990), a teoria crítica (Forester 1989) e a resolução de litígios (Sussking e Gruikshank 1987). O planeamento estratégico escolhe as questões mais difíceis que se colocam atualmente e faz uma análise multifacetada das mesmas.

Mas a teoria crítica leva a cabo uma discussão aberta que se refere a criticar o planeamento como envolvendo partes participantes. Este processo utiliza o método de intercâmbio de informação e de participação que é amplamente utilizado no planeamento da exploração da terra. A mais utilizada das teorias de planeamento acima referidas é um modelo de planeamento ótimo que determina o objetivo e controla o retrocesso durante a implementação.

O modelo de planeamento ótimo tem a caraterística de calcular com precisão a relação lógica entre o objetivo, a política e a implementação que utiliza a participação pública e o método de discussão.

Os cidadãos locais têm um vasto conhecimento herdado dos seus avós paternos. Os cidadãos locais conhecem muito bem as dificuldades e os sofrimentos sobre o território local, o solo, a água, o clima, os recursos naturais e outros. A riqueza das experiências deve ser utilizada e descrita no planeamento da utilização da terra. Por conseguinte, o conhecimento da população local é uma parte importante do planeamento da utilização da terra e a chave para a implementação do planeamento da utilização sustentável da terra.

A participação dos cidadãos no planeamento baseia-se na conceção democrática de que as pessoas não são objectos de planeamento, mas sujeitos com a sua própria visão. Rolly (2001). Pretty (1995) determinou 2 tipos de participação no seu trabalho de criação. É categorizada em 7 tipos, incluindo o fornecimento de informação inativa, o aconselhamento, a realização de trabalho exclusivo, a cooperação, a assunção de um dever, a participação multifacetada e a auto-mortificação.

O princípio fundamental do planeamento da utilização dos solos com a participação dos cidadãos é criar condições que permitam que os cidadãos locais se centrem nas pessoas e tenham confiança em si próprios, com base no método de baixo para cima, como o planeamento aberto e aparente.

A questão da gestão dos terrenos de cultivo deve ser resolvida com base no planeamento dos terrenos de cultivo. É uma questão de princípio saber a que nível, da base para o topo, o método de planeamento deve ser utilizado, dependendo da essência destes dois métodos e do objetivo de utilização, e é necessário aperfeiçoar o planeamento do território através da combinação adequada dos dois métodos.

Os métodos de planeamento de cima para baixo ou de cima para baixo devem corresponder uns aos outros e a decisão adequada e óptima sobre os métodos a utilizar a que nível deve ser escolhida em conformidade com o grupo de pastores, parte dos utilizadores das terras de cultivo, processamento e implementação do planeamento das terras de cultivo no âmbito do saco, soum, província e estado.

Enquanto que o método de planeamento de cima para baixo é adequado para o processamento do plano geral para o ordenamento do território do estado e da província, o método de planeamento de baixo para cima é mais adequado ao nível do soum e do saco. Por outro lado, tem vantagem se a participação dos cidadãos da área local e a atividade for descrita e planeada de acordo com o plano geral do estado e da província para melhorar e utilizar adequadamente as terras de cultivo através da utilização completa dos recursos, oportunidades e vantagens.

Satisfaz o princípio do desenvolvimento sustentável para implementar a gestão da área de pastagem que é adaptável ao território ecológico com base na tradição de criação de animais dos mongóis, categorizando a utilização da área de pastagem de acordo com o objetivo que combina os dois métodos acima referidos para melhorar a utilização da área de pastagem.

Porque, se esse plano não for elaborado, terá muitas consequências, tais como a deterioração das terras de pastagem, a migração dos pastores sem qualquer organização ou a ausência de qualquer plano de prevenção contra a seca ou a queda de neve intensa. Assim, foi feita uma pesquisa junto de 656 pastores de 12 soum, a fim de esclarecer como é óptima a participação dos cidadãos e que posições têm sobre este assunto.

Tabela. 3.4; Resultado do planeamento da implementação das pastagens

№	Quaternary	Quanta	Percent of opinion
1	Do you have pasture management plan?	Unknowing Do not introduced	65 35
2	Do you needs participatory land use plan?	No Yes	78.3 22.7
3	Do you needs long term pasture land use plan?	Yes No	88.8 12.2
4	Need or not to have discussion for long-term plans for the validity of the citizen	Yes	80.7
5	Whether degraded of pasture and environment	Yes	67.7
6	Reason of degradation of pasture	Very poor water supply Overgrazing	66.5 52
7	Whether to change the current legal framework necessary	Yes	79
8	What kind of natural resources do you use?	Pasture Other	94 6
9	Do you need control from herders for pasture land use plan?	Yes	85

Se olharmos para o que precede, é evidente que a participação dos cidadãos e o método de planeamento da base para o topo são essenciais para a gestão dos recursos naturais da Mongólia. Além disso, é evidente que existe o desejo e a aspiração de os pastores participarem e se controlarem a si próprios no planeamento. Por conseguinte, é necessário determinar a direção a seguir para aperfeiçoar o planeamento das terras de cultivo utilizando o método que permite a participação dos cidadãos no planeamento das terras de cultivo. Isto mostra que a participação dos cidadãos é certamente necessária para o planeamento das terras de pastagem do soum.

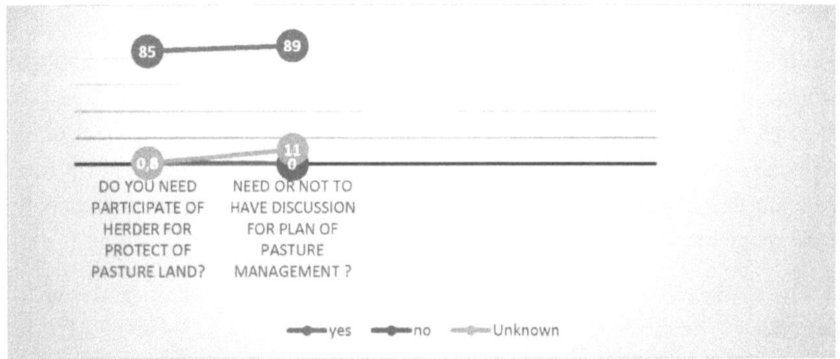

Figura 3.5; Resultado do estudo sobre a participação dos pastores

Além disso, a implementação do planeamento das terras de pastagem e a gestão adequada e correta são muito importantes não só para a proteção ou melhoria das terras de pastagem, mas também para a tomada de decisões para resolver questões ambientais ou ecológicas como um complexo. Consequentemente, serão criadas condições para a aplicação de uma gestão ecossistémica dos terrenos de pastagem e será criada uma oportunidade de desenvolvimento sustentável para a Mongólia.

Se existirem problemas complexos nas reservas que não possam ser resolvidos apenas por uma das partes, dois ou mais participantes devem organizar a informação, o dinheiro e as finanças ou a mão de obra de que dispõem para resolver esses problemas (Gray 1985). Baseia-se na confiança de que as actividades conjuntas do território e das pessoas se tornam estáveis e a sua relação será melhorada se cooperarem na ordem correta e dispuserem de informação suficiente e tomarem decisões mais eficazes e informativas (Field e McKinney 2004).

Um dos factores mais importantes para a implementação de terrenos de cultivo é a atividade ou participação das pessoas que assistem às obras. Mais importante ainda, as pessoas devem ser assistidas para que compreendam que as condições irão melhorar. É adequado utilizar informação científica e técnica quando se prepara o planeamento conjunto se a questão dos recursos naturais for considerada como uma questão científica.

3.2 Melhorar a implementação do planeamento das pastagens

É importante descrever no planeamento e implementar os princípios básicos dos três modelos de gestão de ecossistemas. Para a reabilitação do ecossistema, é necessário determinar a categoria, o local da unidade e os limites aproximados ou limiares da área de distribuição, envolvendo representantes do proprietário (o Estado), utilizadores, investigadores, especialistas, para estabelecer um grupo de utilizadores e para processar e implementar um plano anual e a médio prazo para a utilização da área de distribuição do grupo (esboço à mão livre) ou soum.

O princípio principal da gestão dos recursos naturais com base na comunidade é determinar as fronteiras e o limiar dos recursos a utilizar, organizar grupos de utilizadores dos recursos, determinar o direito de propriedade e o sistema de organização e definir o poder adequado da relação entre a organização dos utilizadores dos recursos e a organização governamental. A gestão sustentável das terras de montanha da Mongólia deve ser implementada da seguinte forma.

3.2.1 Classificação dos terrenos de pastagem para dedicação à utilização

No sistema social e económico globalizado, uma conceção economicamente eficaz e ecologicamente inofensiva, sem prejudicar a tecnologia tradicional de criação de animais, que proporcione um avanço social, deve ser uma questão a introduzir e implementar a gestão das terras de pastagem com base no princípio da comunidade, a fim de manter as caraterísticas da Mongólia. A coordenação correta das terras de pastagem, o planeamento e a utilização adequados, a proteção e o armazenamento contínuos serão os elementos básicos para melhorar a vida dos pastores, criar condições agradáveis para o desenvolvimento do Estado, aliviar a pobreza, reduzir a migração para a capital e não perder o equilíbrio ecológico.

Por conseguinte, é necessário elaborar uma política de utilização das terras de pastagem em conformidade com a conceção acima referida, para apoiar o desenvolvimento futuro do Estado, da província ou do local através do planeamento dos recursos das terras de pastagem e determinar uma oportunidade para implementar um método complexo economicamente eficaz nas terras de pastagem.

Para tal, é necessário classificar e atribuir as terras de pastagem de acordo com a sua finalidade, determinar as fronteiras e os limites, definir uma política e medidas adequadas de gestão das terras, coordenar a gestão dos proprietários ou utilizadores e introduzir o princípio da auto-governação e da contribuição para a criação de gado nómada.

Este programa será o pano de fundo para manter uma perspetiva normal das terras de cultivo, para desenvolver o sector da pecuária de forma estável, para reduzir a deterioração das terras de cultivo e para coordenar as relações de utilização e propriedade das terras de cultivo. Por outras palavras, será a base para conseguir uma gestão formada dos terrenos de cultivo em conformidade com as condições do mercado.

Os terrenos de cultivo são classificados de diferentes formas, como por região natural, grau de deterioração dos terrenos de cultivo, por estado sazonal a ser utilizado e grupo de terrenos de cultivo, por sistema de utilização, tipo de gestão e métodos de utilização dos terrenos de cultivo. Por exemplo, o método de utilização dos terrenos de cultivo é classificado em coordenado e não coordenado e as regiões naturais são classificadas em alta montanha, floresta de coníferas de montanha, estepe florestal de montanha, estepe ou estepe desértica.

No entanto, a categorização da área de distribuição depende do âmbito da área a ser estudada. No que diz respeito à direção da migração, é classificada como área sazonal. O método de utilização coordenada dos terrenos de cultivo é classificado em dois métodos, incluindo a utilização com calendário sazonal ou a utilização com intercâmbios repetidos. Quando se utiliza a área de pastagem com calendário sazonal, esta deve ser dividida em partes principais, tais como a área de pastagem próxima, a área de pastagem básica distante e a área de reserva, a área de pastagem distante com melhor localização e a área de pastagem para animais jovens recém-nascidos. As pastagens de verão e de outono dividem-se em pastagens de base e pastagens com melhores condições para a engorda do gado. Isto significa que é correto determinar uma certa categorização quando a área de pastagem é determinada e processar medidas e gestão adequadas.

No entanto, é difícil implementar a utilização, o planeamento ou a coordenação porque a classificação não está determinada para efeitos de planeamento. Além disso, deve ficar claro que tipo de gestão territorial deve utilizar o método de planeamento de cima para baixo na fase de implementação, que tipo de planeamento territorial deve utilizar a participação dos cidadãos e o método de planeamento de baixo para cima na fase de implementação. É um passo essencial para processar o plano de gestão da área de distribuição que foi planeado de acordo com o princípio que combina estes dois métodos, mantém a flexibilidade, evita o ecossistema da área de distribuição que é adaptável às caraterísticas do território.

Por esta razão, é necessário resolver as questões relativas à determinação da categoria de utilização e dos limites das terras de cultivo ao nível do Parlamento, do Governo ou das organizações centrais da administração pública responsáveis pelos assuntos fundiários, dos departamentos fundiários, das organizações profissionais, da administração local, do grupo de pastores ou da parte de utilização das terras de cultivo. Como resultado do acima exposto, será criada uma gestão sustentável das terras de cultivo e serão criadas condições normais para o ecossistema das terras de cultivo. Para que o planeamento da área de cultivo seja perfeito, é necessário classificar a área de cultivo de acordo com o objetivo de utilização, que é o princípio principal da gestão da área, e determinar os seus limites ou limiares. Por conseguinte, é conveniente classificar os terrenos de pastagem segundo o seu objetivo de utilização.

    1. Área de reserva;

2. Através da área;
3. Área colonizada;
4. Zona de exploração ;
5. Domínio da pecuária;

Quando se determina a classificação das terras de cultivo, convém classificá-las estritamente de acordo com a conceção do desenvolvimento regional da Mongólia, a política e a orientação emitidas pelo Governo, a tendência de desenvolvimento da agricultura e o plano diretor de desenvolvimento e gestão das terras da província, da capital, do soum e do distrito.

Por outras palavras, a medida de ordenamento do território exprime duas posições fundamentais.

1. Oferece a possibilidade de organizar a utilização do Fundo de Terras de forma sistemática e inter-relacionada. Contém um carácter de planeamento ou de futuro.
2. A gestão fundiária presta especial atenção ao domínio jurídico e técnico. Por outras palavras, destina-se a determinar as fronteiras e os limiares de propriedade e de utilização dos terrenos e a conferir às pessoas singulares ou colectivas o direito à terra.

Se o planeamento não for resiliente, deve descrever as condições climáticas e o método a seguir se as condições climáticas se tornarem adversas, tendo em conta o risco, porque a criação de pastagens na Mongólia apresenta grandes riscos e depende muito das condições climáticas. O trabalho de investigação para categorizar as terras de pastagem de acordo com o objetivo de utilização foi testado em 3 soums. A propósito, a questão mais complicada foi a de puxar a fronteira quando a categorização da área de pastagem é determinada. Assim, quando se puxa o limite da área de pastagem nos três soums acima referidos para efeitos de utilização, esta é ocupada, respetivamente, por 7% em locais melhores com novas gramíneas, 3% em áreas de transição, 0,4% em aldeias ou locais em redor de áreas povoadas, 1,5% em áreas de criação intensiva de animais e 88% em áreas de pastagem de agricultura de pastagem.

A tabela seguinte mostra a categorização das terras de cultivo nas regiões envolvidas no inquérito.

Tabela 3.5; Classificação do objetivo de utilização das terras de pastagem

№	Name of soum	Area of pasture land hectare	Area of encampment pasture land. hectare	percentages for total of pasture land	Transit. hectare	percentages for total of pasture land %	Settlement land. hectare	percentage for total of pasture land . %	Intensive farming. hectare	percentage for total of pasture land%	Animal husbandry. hectare	percentage for total of pasture land . %
								Classification of pasture land				
1	Telmen	3061250	13034	4	50000	16	2414	0.8	1766	0.6	238911	78
2	Ulziit	1289850	104661	8	10000	0.8	2604	0.2	20456	1.6	1152129	89.3
3	Undurshireet	254631	15299	6	166	0.1	1961	0.8	5475	2.2	231730	91.0
4	Amount, hectare	1850606	132994	7	60166	3.3	6980	0.4	27698	1.5	1622769	
	average %			7		3		0.4		1.50		88

A classificação foi determinada em função do objetivo da utilização das terras de pastagem para a criação intensiva de animais e em torno das áreas colonizadas, de acordo com as necessidades do Estado para proteger as caraterísticas e o risco do sistema nómada. A região de melhor local com novas gramíneas fica sob o controlo do Estado e, por outro lado, o Estado deve deixar ficar sob o seu controlo as terras de pastagem que devem ser utilizadas em caso de emergência dentro do poder do Governador ou em caso de condições climáticas difíceis, tais como seca ou fortes nevões. A região de criação intensiva de gado cria uma oportunidade para a criação intensiva de animais e as terras de pastagem onde a criação de animais é efectuada devem basear-se no princípio tradicional de utilização como migrante e as fronteiras aproximadas são divididas de acordo com o local da unidade e serão criados grupos. Em 5 soums existem as seguintes condições para a determinação da classificação dos terrenos de pastagem.

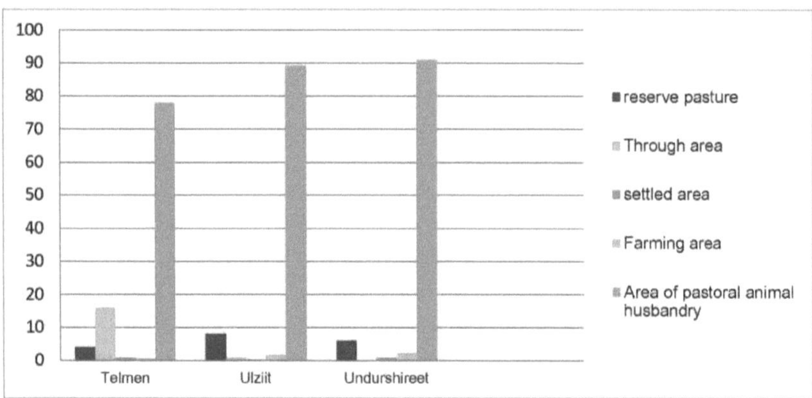

Figura 3.6; Classificação do objetivo de utilização das pastagens no soum

Nalguns casos, não foi possível chegar a um consenso devido a questões como o facto de o volume de terras de pastagem nos bairros de inverno ser relativamente diferente, sendo alguns extremamente pequenos e outros extremamente grandes. Por exemplo, em 2009, foi nomeada uma comissão especial em Telmen soum, na província de Zakhvan, que tentou delimitar os bairros de inverno. Nessa altura, houve menos litígios no soum de Telmen em relação à fronteira e ao limiar quando a fronteira foi retirada e quase todas as questões fronteiriças dos bairros de inverno foram resolvidas em 7-8 bairros de inverno em 2-3 partes que tinham litígios. Considerou-se que os pastores devem ter fronteiras e limiares para os seus bairros de inverno, mas esta questão deve ser tratada de forma correta.

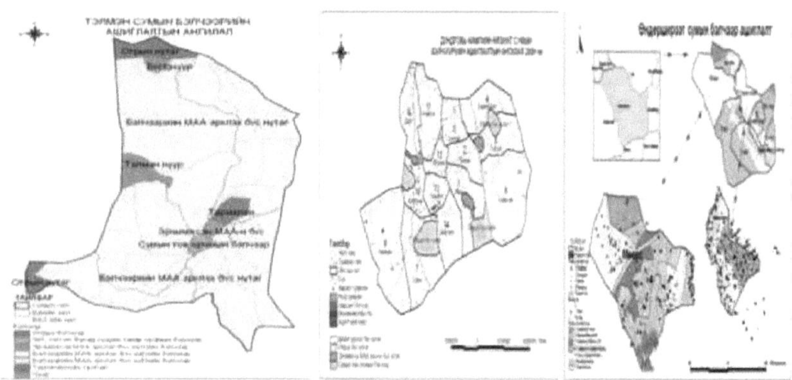

Figura 3.7; Mapeamento da classificação do objetivo de utilização das pastagens em Soum

Quando a terra de pastagem é utilizada para fins de migração, as fronteiras e o limiar da área de pastagem podem ser determinados com base na participação dos pastores, em função de factores como a flexibilidade, a oportunidade de migração e a capacidade de superar o risco ou a vulnerabilidade e a adaptabilidade, a fim de proporcionar uma capacidade de auto-recuperação ecológica e social. Quando as fronteiras são determinadas com a participação dos pastores, a área de distribuição está a ser dividida em 3 tipos principais, tendo em conta as condições territoriais locais, a possibilidade de cooperação, a tradição, a discussão mútua e a possibilidade de acordo. 1) Os pastores de alguns soums dividem a área de pastagem pela localização dos bairros de inverno ou de primavera, 2) Alguns soums dividem os bairros de verão e de primavera numa só parte, 3) Alguns soums determinam as fronteiras tendo em conta ambas as condições acima referidas. Nalguns soums, as fronteiras são determinadas tendo em conta o limiar dentro do saco, mas outros não têm isso em conta.

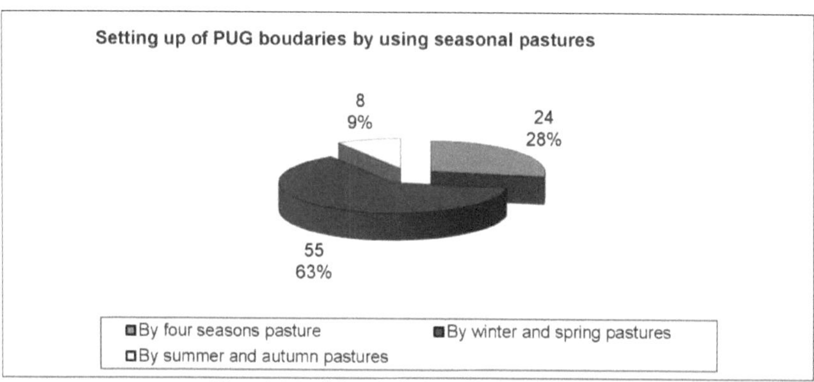

Figura 3.8; Definição de limites utilizando pastagens

Para 5 soums, as partes principais foram divididas em determinados locais unitários, seguindo as fronteiras da tradição nómada no interior do saco, considerando as fronteiras do saco.

Quadro 3.6; *Limite de parcela fixa de utilização de pastagens*

№	Name of soum	Number of territory for PUG , 2007	Taking into account the boundaries of administrative units		Pasture border, taking into account the breaking season			
			By for boundary of bag	Not by for boundary bag	By seasonable pasture	By winter and spring pasture	By summer and autumn camp pasture	By summer pasture
1	Ikhtamir	13	13		13			
2	Telmen	18	13	5	13			5
3	Tsengel	34	26	8		26	5	3
4	Ulziit	14	14	0		14		
5	Undurshireet	9	8	1		8		1
Amount,		**88**	**74**	**14**	**26**	**48**	**5**	**9**
Total %		**100**	**84**	**16**	**30**	**55**	**6**	**10**

Em relação ao que precede, quando se pergunta se existe litígio ou infração na questão da fronteira e do limiar da parte, 93,5% responde que o litígio é menor e que as fronteiras das partes estão em conformidade. É possível considerar que a questão das fronteiras das partes está completamente resolvida porque aumentou 25,7% em comparação com o resultado da investigação efectuada em 2007. Assim, é possível constatar a tendência dos pastores para cooperarem entre si nos últimos 4 anos, porque a participação dos cidadãos é importante para a implementação do plano de gestão das terras de pastagem.

3.2.2 Organização do grupo de utilizadores de pastagens para desenvolver

A condição do sistema nacional de pastores para a auto-gestão e auto-assistência foi criada através do apoio ao estabelecimento e desenvolvimento de uma estrutura social civil de auto-assistência e auto-gestão que foi descrita no documento "Política a ser observada em termos de pastores pelo Estado" que foi adotado em 2009. O documento descreve que a forma básica de resolver muitas questões prementes no desenvolvimento da agricultura ou da sociedade rural é estabelecer e tornar capaz o sistema organizacional de autogestão dos pastores com base no princípio territorial no caso da criação de pastagens.

O grupo de utilizadores de terras de cultivo e o enquadramento legal da coordenação cooperativa de terras de cultivo foi descrito no artigo 52.2 da Lei de Terras. "É possível permitir que os pastores utilizem as terras em partes ou em grupos, de acordo com os critérios ou com o contrato celebrado pelo Governador, com base na opinião da Reunião Pública de Cidadãos do saco, tendo em conta as caraterísticas do território, a tradição de utilização das terras de pastagem e a capacidade de carga das terras, com o objetivo de reabilitar e evitar a deterioração de determinadas áreas dos bairros de inverno e primavera. A questão da implementação desta cláusula é atualmente insuficiente.

Duas questões principais, incluindo as terras de pastagem e a organização da auto-gestão dos pastores, não foram resolvidas até agora. Os cientistas ou investigadores aprovam que cerca de 70 por cento do total das terras de pastagem, que são essenciais para a vida dos migrantes, foram deterioradas de alguma forma.

1. As terras de cultivo são propriedade do Estado, pelo que a sua conceção deve ser resolvida de cima para baixo com o apoio da organização estatal. Esta orientação explica que o gestor das terras de pastagem ou os pastores devem ser apenas utilizadores porque o Estado é o proprietário da propriedade. Está-se a tentar legalizar e adotar esta conceção na Lei de Terras ou noutra política ou decisão estatal. Durante os últimos 20 anos, esta política ou decisão não foi resolvida e é evidente que não tem qualquer hipótese de ser resolvida. Porque é complicado fazer tudo através de um procedimento centralizado num sistema tão disperso. Mas é mais apropriado que o Estado implemente a sua política ou decisão com base nas próprias organizações dos pastores. No entanto, o Estado é proprietário das terras de cultivo, pelo que tem de participar em muitas actividades prioritárias de tomada de decisões. É necessário coordenar as relações entre os terrenos de cultivo, como por exemplo, os terrenos de cultivo são propriedade do Estado, o Estado controla o modo de exploração dos terrenos de cultivo, avalia, estabelece condições para a posse e utilização dos terrenos de cultivo, concede às organizações de autogestão dos pastores poderes no domínio das relações entre os terrenos de cultivo e os terrenos de cultivo.

   Os pastores devem ser capazes de se organizar em torno de uma área de pastagem, reforçar e tornar capaz o seu funcionamento, coordenar e limitar as cabeças de gado em conformidade com a capacidade de carga dos quartéis de inverno ou de primavera. O apoio e a assistência do Estado são necessários para criar organizações de pastores. Por exemplo, é necessária uma assistência semelhante à prestada pelo Estado para a criação de uma cooperativa. Além disso, a assistência e o apoio do Estado são necessários para reforçar a economia, as finanças, a gestão ou a coordenação e para formar e capacitar o pessoal.

2. Deve ser uma conceção para consistir num sistema de gestão baseado na propriedade privada e outra palavra para consistir numa instituição de gestão das terras de pastagem através da propriedade de terras de pastagem pelos indivíduos. A investigação levada a cabo entre os pastores, o resultado da investigação de cientistas e investigadores e a prática internacional evidenciam que esta conceção não tem hipótese de ser implementada nas pastagens e na agricultura nómada da Mongólia.

É conveniente criar uma gestão de recursos baseada nas organizações de autogestão dos pastores, ou seja, compor um sistema de baixo para cima. O documento "Política a observar em matéria de pastores pelo Estado", adotado em 2009, descreve a criação e o desenvolvimento da estrutura social civil de auto-assistência e autogestão dos pastores.

Um. Foi levantada a questão de estabelecer uma organização de pastores baseada no sistema de exploração familiar tradicional. A exploração familiar é um tipo de coordenação que se adapta às condições da agricultura nómada. Esta tradição criou um grupo de pastores baseado na coordenação tradicional do trabalho. Foi apoiado e estabelecido por muitos projectos e programas de organizações internacionais.

O grupo de pastores era constituído por um pequeno número de pessoas com o objetivo de aumentar o lucro e o rendimento e essas pessoas cooperavam principalmente na gestão dos negócios. Até mesmo, a operação foi conduzida a fim de atribuir e obter a propriedade da terra de alcance por essas poucas pessoas. Por outras palavras, trata-se de uma operação para implementar a gestão de terrenos de cultivo com base no grupo de pastores.

A vantagem do grupo de pastores é a possibilidade de implementar, num período relativamente mais curto e de forma urgente, a cooperação entre si e a coerência das actividades. Além disso, existe outra vantagem de obter um montante definido de lucros e rendimentos.

A desvantagem é que não é muito adequado para a reabilitação das terras de cultivo, o que pode fazer perder a flexibilidade do sistema nómada tradicional, uma vez que as terras de cultivo estão divididas em pequenas partes e grupos.

Dois. O Estado determinou a sua política de criação de uma organização dos pastores como um tipo de cooperativa e tentou implementá-la nos últimos 20 anos. Assim, foram criadas cooperativas. A maioria das cooperativas estabelecidas trabalha no domínio do cultivo, da plantação de batatas e legumes e de pequenas produções, comércio ou serviços, o que mostra que as cooperativas são mais adequadas para serem desenvolvidas nestes domínios. No entanto, o desenvolvimento de cooperativas de pastores na criação de gado nómada não é suficiente.

Por outro lado, a cooperativa não foi estabelecida no soum envolvendo a maioria dos pastores ao nível do soum.

Por conseguinte, a oportunidade de gerir as terras de pastagem com base numa cooperativa é complicada. O sistema de organização que envolve um pequeno número de pessoas foi criado com o objetivo de obter lucros e rendimentos no domínio empresarial, considerando a coordenação como grupo de pastores, exploração familiar, cooperativa e parceria. Em geral, há uma grande necessidade de colaboração entre os pastores para que a atividade se desenvolva como uma cooperativa.

Por conseguinte, a gestão dos recursos naturais ou a unidade de gestão das pastagens não só deve ser executada com base na coordenação ou na unidade económica e empresarial nas condições da criação de gado nómada, como também é mais adequado criar uma organização do trabalho e da produção ou uma unidade económica e empresarial com base na unidade de gestão das pastagens.

Três. A base para os pastores criarem uma organização de auto-gestão na Mongólia é a terra de pastagem que está a ser utilizada em conjunto. É impossível utilizar as terras de pastagem de forma privada e não há outra forma de as utilizar todas em conjunto nas condições da criação de gado nómada. Por conseguinte, é essencial estabelecer uma organização de autogestão dos pastores com base nas terras de pastagem que são utilizadas em conjunto e que constituem o seu direito ou interesse comum. O estabelecimento de cooperativas conjuntas de pastores com o objetivo de utilizar e proteger corretamente as terras de pastagem cria condições para aperfeiçoar a coordenação do trabalho e da produção, para organizar as operações comerciais de forma eficaz (para desenvolver cooperativas e parcerias) e para aumentar a participação dos pastores na tomada de decisões.

Por outro lado, considera-se que o desenvolvimento da coordenação da mão de obra e a criação de uma unidade empresarial constituem a versão mais adequada para a criação de pastagens na Mongólia. Existe uma relação vital entre as terras de pastagem, o gado e os pastores, pelo que é impossível separar e resolver a coordenação destes três factores, sendo apenas necessário considerá-los e resolvê-los como um complexo.

É necessário considerar a questão da coordenação como um complexo.

O sistema de organização da auto-gestão dos pastores é constituído basicamente por 3 componentes. Incluindo:

1. Unidade ou parte para supervisionar a gestão dos recursos naturais;

2. Unidade de coordenação da mão de obra e da produção; trata-se de um tipo que se organiza tradicionalmente como um tipo de exploração familiar e de agregados familiares vizinhos, que gerem a produção em cooperação com a mão de obra e se ajudam mutuamente;

3. Unidade ou parte no domínio da economia e dos negócios; esta parte é estabelecida em vários tipos, como o grupo de pastores, a cooperativa e a parceria.

O sistema de organização de autogestão dos pastores deve ser criado com base na coordenação única de unidades e partes que cumprem três funções diferentes que têm uma interdependência estreita, mas estão organizadas em três níveis diferentes como três tipos diferentes.

As medidas abaixo mencionadas devem ser executadas para estabelecer e reforçar a organização de autogestão dos pastores.

1. Para implementar as principais condições de aperfeiçoamento do atual sistema de criação de animais nómadas e determinar a política de desenvolvimento, para ter uma compreensão geral e uma conceção única sobre a organização de auto-gestão dos pastores;
2. Legalizar o sistema de unidade de coordenação da utilização das terras de pastagem com base no território, que constitui a base da organização da autogestão dos pastores em conformidade com a gestão das terras de pastagem e das terras de pastagem;
3. Prestar assistência efectiva e apoiar os criadores de gado para reforçar a base material, as finanças, a coordenação e o pessoal da organização de autogestão;
4. Melhorar o apoio e a assistência a prestar pelo governo, soum ou áreas locais no domínio do reforço da organização de autogestão dos pastores;
5. Melhorar as competências e os conhecimentos dos chefes, dirigentes ou conselheiros da organização de autogestão dos pastores através da participação na formação;

O princípio básico da cooperação entre a parte ou grupo de pastores deve ser a gestão cooperativa, a decisão cooperativa, a operação cooperativa, o resultado da operação cooperativa e o controlo cooperativo baseado na confiança mútua.

É adequado implementar o sistema de controlo através do sistema como pastores da parte, líderes da parte-governador do saco-supervisor da terra-governador do soum baseado no método de baixo para cima. Os pastores da parte e os chefes da parte devem controlar a utilização dos terrenos de cultivo no local da unidade. Devem exercer um controlo muito efetivo sobre as consequências negativas, como a migração externa, a utilização complicada e a competição para comer. Se houver algum problema, deve ser resolvido em conjunto com o chefe do saco ou com o supervisor do terreno. Informam o governador, recebem ordens do governador ou do soum, tomam decisões sobre multas em caso de infração ao nível do soum, do saco ou de uma parte e respeitam a política geral.

Neste modelo, está a ser implementado como um tipo de método de baixo para cima, em que as pessoas se apoiam mutuamente e controlam a implementação da operação. Descrevem-se os resultados da investigação realizada para controlar, avaliar e monitorizar a implementação do planeamento da gestão das terras de cultivo, que foi processada em 2007 e 2010 com a participação dos cidadãos após a operação na área local em 2005 e o plano de gestão das terras de cultivo ter sido processado em 2006.

Quadro 3.7; *Resultado da aplicação do plano de gestão das pastagens (2007-2010)*

Result	Ulziit	Ikh tamir	Telmen	Undurshireet	Total
Adequacy	23.3	25	53.2	45.1	36.7
Medium	51.2	53.1	26.4	45.1	44.0
Insufficient	25.5	21.9	20.4	9.8	19.4
Amount	100	100	100	100	100.0

O resultado da investigação de 2010 revela uma coordenação mais eficaz do que o resultado da investigação de Undurshireet soum realizada em 2007, que revela uma aplicação insuficiente do plano de intercâmbio quando a maioria dos pastores respondeu "não sei".

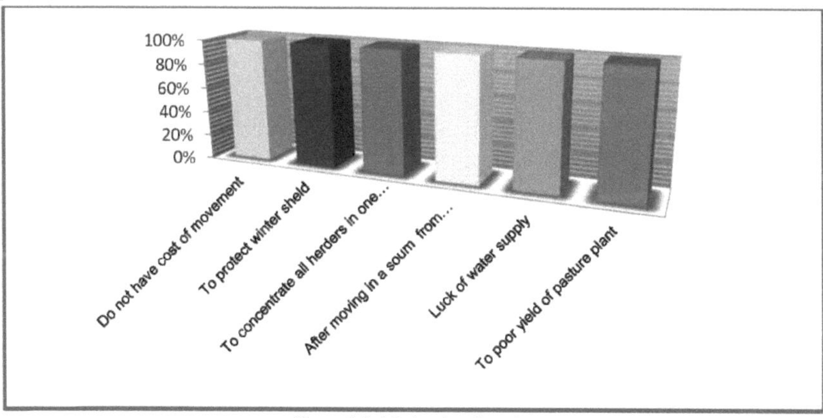

Figura 3.8; Motivo da migração

Olhando para o que precede, a questão da cooperação é importante para a utilização das terras de pastagem devido à precaução de os pastores poderem vir de outro soum após a sua migração ou à grande centralização de pastores nas terras de pastagem planeadas.

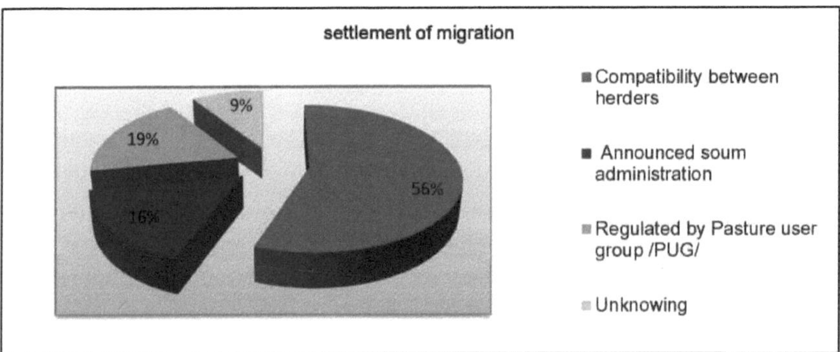

Figura 3.9; Assentamento da migração

Mas quando a pesquisa de 2007 é comparada com a de 2010, mostra uma melhoria definitiva como resultado da cooperação com o governador do soum e os líderes das partes. Por outro lado, a participação ou cooperação do governador do soum ou de um especialista foi considerada suficiente em 2007, com 12%, mas aumentou para 45,2% em 2010.

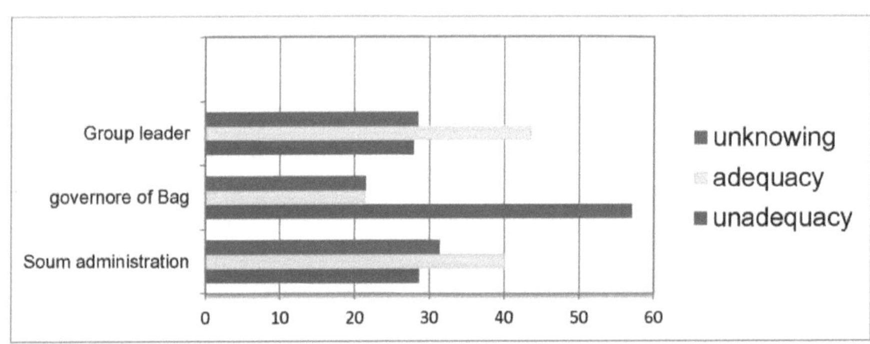

Figura 3.10; Quaternário de utilização de pastagens

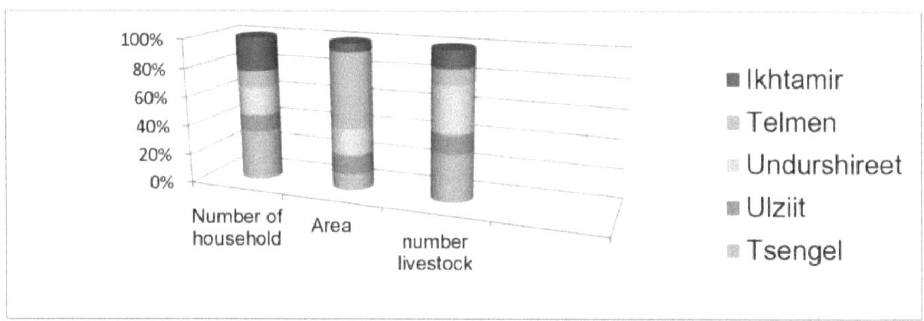

Figura 3.11; Investigação do número de cabeças de gado

Parte dos utilizadores das terras de pastagem foi criada em 2006, de acordo com o plano de gestão das terras de pastagem em 5 regiões de investigação, em resultado do projeto "Ouro Verde" da Agência Suíça para o Desenvolvimento e a Cooperação.

A estrutura territorial da parte dos utilizadores de terras de cultivo tem o estatuto abaixo mencionado. 13.

Tabela 3.8; Taxa principal do PUG

	Rate	Telmen	Tsengel	Ikhtamir	Undurshireet	Ulziit	Average five soum
1	Total number of household herder	421	1350	937	304	398	682
2	Large number of household	46	90	105	53	41	67
3	Average number of household	32	48	67	34	25	41
4	Lower number of household	15	20	34	20	16	21
5	Area of pasture land per household, hectare	921	241	584	755	3644	1229
6	Number of cattle per household	244	146	210	337	290	245
7	100 hectare pasture land per	80	139	109	91	15	87
8	Appropriate sheep head /area codes / to 100 hectares of grazing area	54	48	62	45	37	49

Tamanho da parte dos utilizadores de terras de pastagem por especificação familiar em média de 5 soum. Há 41 famílias no grupo de utilizadores de pastagens, a dimensão do grupo de utilizadores de pastagens por família é de 1229 hectares. As cabeças de gado adequadas que devem permanecer em 100 hectares de pastagem excedem 2-3 vezes em soums que não Ulziit. Por conseguinte, é necessário utilizar as terras de pastagem com um calendário correto (quadro 3.9).

Quadro 3.9; Estrutura do PUG para o planeamento das pastagens

№	Undurshireet – mountainside and gap	Өлзийт- Oosh group
1	To increase felt production activity	To bore a well for mine well Хэсрээд
2	To planting and fencing of perennial plant in Berkhiin hooloi	To provide of stand up for crime of cattle
3	Troughs switch back and have hand pumps	To protect and fencing of ders of Oortsog and valley of Tsokhon
4	To connect motor equipped well with power line	To attend for training of herders
5	To increase for accumulation fund	Surveying of resource water for establishing well
6	To planting of in winter camp	To relocate from sand of 2 herder household and fences of cattle
7	To approve and comply with the plan of pasture rotation	Pasture irrigation
8	To prepare of fodder each herder house	To fencing for broom-grass in Altgana

É evidente que os pastores tomaram algumas medidas para proteger e melhorar conjuntamente a área de pastagem, para lutar contra os roedores, para utilizar a área de pastagem que não está a ser utilizada e para reparar estradas quando a implementação do plano da parte de 2008 a 2010 é comparada com o resultado da pesquisa de monitorização que foi realizada em 2007. De acordo com a pesquisa realizada em 2008, que descreveu qual era a razão e o fator para a não implementação do plano de utilização das terras de pastagem, os pastores responderam clima, precipitação e utilização não planeada, mas na pesquisa de 2010, foi respondido como utilização não planeada, participação conjunta (soum, saco ou parte) e ambiente legal. Isto mostra que a coordenação da parte tende a tornar-se relativamente estável.

A contestação dos pastores representa uma grande percentagem quando se investiga a razão pela qual o plano não é implementado. Por conseguinte, é necessário organizar trabalhos substanciais no domínio da cooperação com os pastores ou com a administração do soum, organização não governamental e realizar a formação ou a importação abertamente.

No caso da Mongólia, um método comum para reabilitar e melhorar terrenos de pastagem muito deteriorados na zona florestal ou na zona de estepe consiste em protegê-los da influência humana, restaurá-los espontaneamente e pô-los em condições normais. Por esta razão, os terrenos de pastagem devem ser libertados da utilização e relaxados, e os cientistas investigaram e definiram que é necessário um relaxamento de 9-10 anos para restaurar as plantas básicas dos terrenos de pastagem na zona florestal ou na zona de estepe.

Tabela. 3.10; Implementação do planeamento das pastagens em repouso

	Name of soum	To proposed 2008 year			Implementation (per)
		Position of Resting pasture	Area pasture rested (ha)	Number of household for migration	
1	Ikhtamir	10 part	65600	=	70
2	Telmen	27 part	27573	226	76
3	Tsengel	35 part	149590	1001	86
4	Undurshireet	34 part	9990	64	58.8
5	Ulziit	37 part	37 0	=	45.9
	Total	143	252 933	1291	67.3

Implementação do plano de utilização e intercâmbio de terras de pastagem: A administração do soum emite uma portaria do governador de acordo com os trabalhos que foram planeados para serem executados pelos pastores, os pastores da parte, o chefe de saco, o governador do soum e o especialista fazem reivindicações conjuntas e controlam a implementação do plano das terras de cultivo.

Quadro.3.11; Implementação do verão e do outono para o planeamento das pastagens rotativas

	Name of soum	Planning 2008		Implementation (per)
		Rotation plan	Area (ha)	
1	Ikhtamir	25 part	56745	36
2	Telmen	34 part	80123	20.5
3	Tsengel	48 part	173 345	47.9
4	Undurshireet	38 part	181 320	23.6
5	Ulziit	4(into PUG)	414200	50
	Total	149	905733	35.6

3.2.3 Esboço do mapa do grupo de utilizadores de pastagens

As medidas de ordenamento do território que estão a ser implementadas com o objetivo de proporcionar uma utilização eficaz do território baseiam-se no princípio de que devem ser eficazes e úteis. O princípio do ordenamento do território é constituído em função de condições sociais, económicas ou naturais semelhantes ao seu conteúdo.

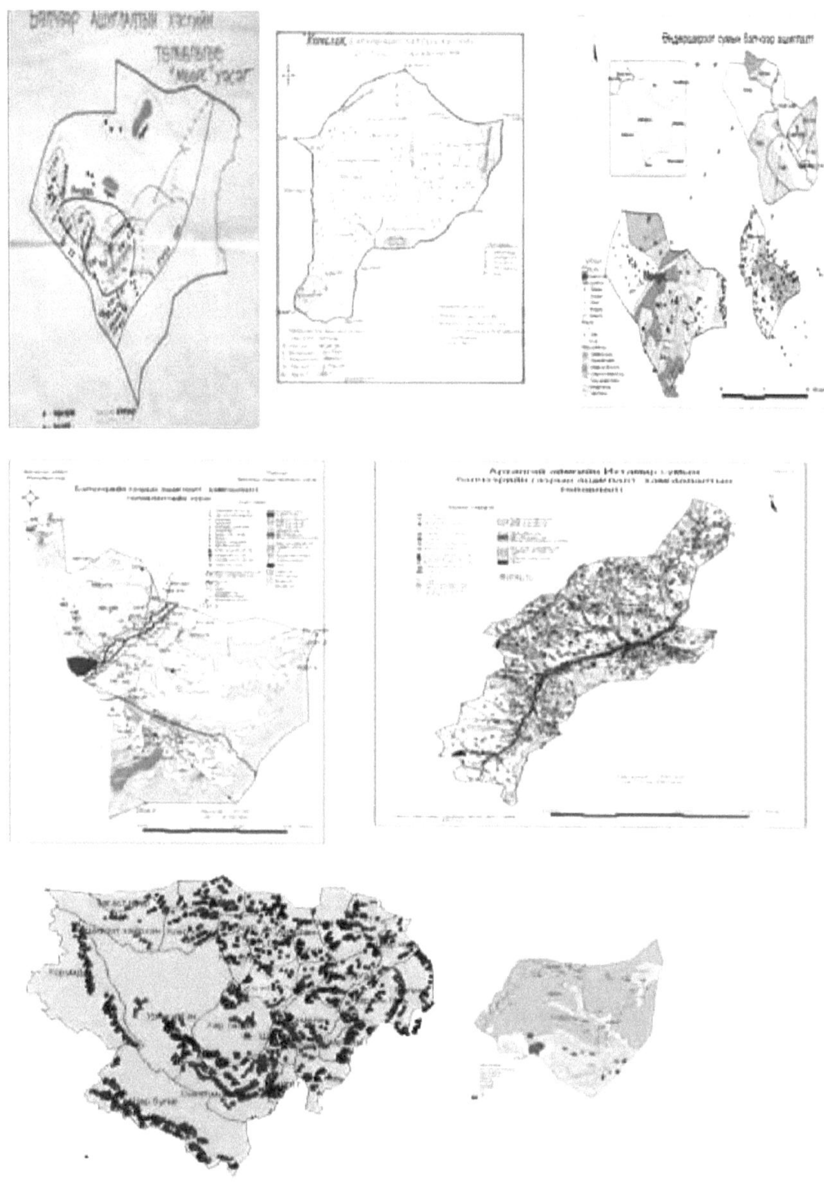

Figura.3.12; Mapa de utilização das pastagens para coordenar o grupo de utilizadores de pastagens no soum

Neste contexto, é essencial fazer um esboço à mão livre ao nível da parte do desenho do plano de ordenamento do território e descrever no desenho principal do planeamento e do plano. Por outras palavras, o plano de ordenamento do território é composto por duas partes, incluindo o relatório escrito e o desenho de planeamento. O seu material de base é o esboço à mão livre do terreno da parte. O plano de ordenamento do território só pode ser implementado quando as propostas dos pastores são discutidas na Reunião Pública de Cidadãos do saco, oficializadas, integradas e processadas pelo supervisor fundiário do soum no âmbito do soum, discutidas e aprovadas pela reunião dos representantes dos cidadãos do soum.

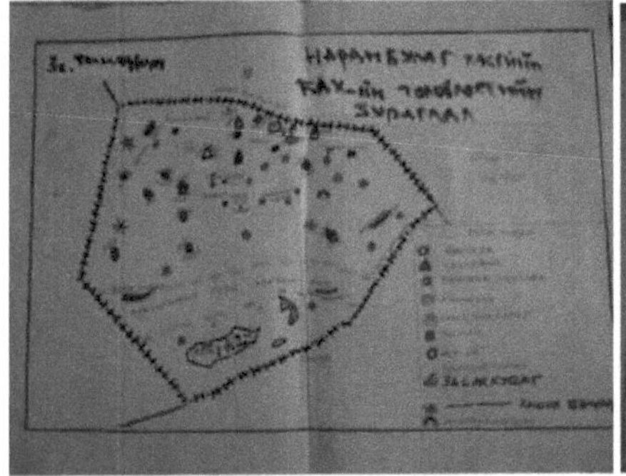

Figura. 3.13; Mapa esquemático da utilização de pastagens grupo de utilizadores de pastagens de Naranbuleg em Telmen soum

Figura. 3.14; Mapa esquemático da utilização de pastagens do grupo de utilizadores de pastagens Khuh davaa em Ikhtamir soum

O principal objetivo do planeamento é integrar uma operação dos participantes no planeamento e fornecer o seu resultado final. No entanto, o plano atual de ordenamento do território está a ser preparado no soum e o desenho de planeamento do ordenamento do território está aprovado, mas não existe qualquer desenho ou esquema relacionado com o planeamento das terras de cultivo. Alguns soums têm um desenho da utilização das terras de pastagem, mas o desenho apenas descreve as terras de pastagem nos bairros de inverno e primavera dos pastores, a localização dos poços e dos pontos de irrigação.

O esboço à mão livre deve ser processado ao nível da parte, do grupo de pastores ou dos utilizadores do terreno de cultivo e o esboço à mão livre do plano da parte é emitido, apresentado ao supervisor do terreno onde é integrado e o desenho de planeamento do terreno de cultivo é preparado no âmbito do soum. Em seguida, são criadas as principais condições para a implementação do planeamento do terreno de cultivo e para proporcionar flexibilidade ao plano. Porque deve haver a possibilidade de efetuar alterações sem perder a coordenação dos migrantes. É conveniente observar o plano de reserva quando as condições climáticas se tornam difíceis.

Por conseguinte, uma das bases para a implementação do plano de gestão das terras do soum com a participação dos cidadãos é a emissão de um esboço à mão livre. Por outras palavras, será mais fácil controlar a implementação e fazer a coordenação quando o esboço incluir a localização da área planeada em 2008 e a área que é relaxada com a troca. É possível desenhar um esboço à mão livre da área de distribuição sem ter em conta a diferença da região ecológica e uma das questões a resolver é fazer com que o esboço seja um documento de base do plano de gestão da terra em estrita conformidade com o plano.

Além disso, é essencial dotar o soum de pessoal profissional. O processamento do esboço é insuficiente devido à fraca capacidade do supervisor fundiário para implementar o plano. Isto inclui o facto de os limites naturais aproximados não terem sido clarificados, as marcações não terem sido feitas no esboço e não terem sido coerentes com o plano implementado.

Por conseguinte, é necessária uma metodologia geral para o processamento de esboços à mão livre. Com a metodologia geral, será possível planear uma medida e clarificar os deveres e a participação de todos os níveis de unidades ou pessoas, tais como a organização de autogestão, a administração do soum ou área local, os pastores e a administração do saco com base na participação dos pastores.

Além disso, o método básico para planear e implementar uma medida de gestão de terrenos de cultivo é uma ilustração do terreno de cultivo, tal como descrito na metodologia para processar o plano de gestão de terrenos do soum.

Porque a ilustração mostra visivelmente a utilização, a proteção, a reabilitação, o planeamento da área de distribuição e, certamente, a informação necessária para controlar a implementação no espaço, pelo que se torna uma doação básica para a implementação do plano. Por conseguinte, o esboço à mão livre da área de distribuição da parte deve tornar-se um pano de fundo para a implementação do planeamento com a participação dos cidadãos.

3.3 Melhoria do método, metodologia do ordenamento do território

A determinação da direção principal e da estratégia a ser implementada no âmbito da parceria, que é o cruzamento dos 3 âmbitos da gestão do ecossistema, é a principal condição para um plano perfeito. Ao determinar a estratégia de forma correta, será criada uma oportunidade de se tornar rentável para cada um dos participantes através da coerência da ecologia, sociedade, economia e instituição e inter-relação. É necessário aperfeiçoar o método de planeamento, a metodologia, a gestão e a coordenação como um complexo.

If herders who are main users of the range land determine own goals (improving, relaxing or interchanging the range land, migrate, prepare hayfield or feedstuff, well and water supply, to establish herders institution, to sell products of animal origin), share opinions with joint participators (local administration, private business entities and etc.), procurar uma operação que esteja em conformidade com a ciência ecológica (orientação para a reabilitação dos recursos, escolha de uma versão que seja rentável para cada utilizador de recursos, apoio a actividades, planeamento e implementação conjuntos e plano de gestão das terras de pastagem), satisfazer a procura ou as necessidades dos principais participantes (estabelecer parte dos utilizadores e grupo de terras de pastagem, pastores, administração local, organização social civil, entidades privadas, etc.) no domínio da sociedade ou da economia.) no domínio da sociedade ou da economia, obter assistência de acordo com o ambiente legal (valores como a liberdade, a justiça, a tranquilidade, a vida abastada, o ambiente saudável e limpo) ou a política governamental (Ministério da Alimentação, Agricultura e Indústria Ligeira, Ministério do Ambiente e Turismo e Departamento da Posse da Terra, Construção, Geodesia e Cartografia), essa parceria (gestão do ecossistema) deve ser desenvolvida e florescer. É muito importante que o sistema de utilização das terras da região esteja a ser implementado de acordo com o plano. Uma implementação incompleta e imperfeita não pode ser bem sucedida, embora seja o melhor plano de gestão.

No entanto, se o plano preparado inicialmente for seguido às cegas e não previr eventos inesperados, como precipitação ou mudança de temperatura que possam ocorrer durante o processamento, esse plano também falha. Assim, é necessário fazer o controlo da execução do plano e considerar as fases de avaliação da execução.

A versão adequada é determinar a classificação das terras de pastagem de acordo com a migração dos pastores e a rota dos migrantes e dividir as regiões de criação de pastagens em unidades locais dos utilizadores das terras de pastagem durante a implementação do plano de utilização das terras de pastagem. De acordo com o exposto, o principal tipo de controlo é o grupo de utilizadores de terras de pastagem e a organização de autogestão dos pastores, que foram estabelecidos de forma voluntária pelos pastores. Os pastores do grupo e os chefes do grupo estão disponíveis para exercer o controlo num determinado local da unidade. É possível determinar consequências negativas como a migração externa, a utilização complicada ou a competição para comer.

É claro que uma das questões importantes na implementação do plano é proporcionar coerência entre os trabalhos dos pastores, grupo de pastores, parte dos utilizadores das terras de pastagem, organizações estatais e administrativas do soum. Por esta razão, é necessário que os pastores, por um lado, assegurem a independência da organização de autogestão, activem o funcionamento, aumentem os direitos e deveres e, por outro lado, estabeleçam um acordo a longo prazo com determinadas condições e critérios em termos de fronteiras e utilização das terras de pastagem com o governador do soum. Por outro lado, a investigação mostra que é necessário combinar os dois métodos corretos, de baixo para cima e de cima para baixo. Para que o plano seja cumprido e se estabeleça uma organização de auto-gestão dos pastores, é conveniente observar certas políticas gerais a nível de soum, área local, província e estado. Além disso, é necessário considerar o desconto ou a isenção de impostos ou taxas, o orçamento e o programa, o aumento do apoio ou da assistência a ser prestada pela administração local e a constituição de um sistema para assumir a responsabilidade como um complexo.

É evidente que há muitas questões que têm de ser resolvidas, tais como o cumprimento rigoroso do plano da área de pastagem com intercâmbios, a criação de campos de feno na parte, a coordenação das questões da área de melhor lugar com erva nova, a organização de formação e seminário onde os chefes das partes são qualificados, a instrução e aconselhamento, a melhoria do ambiente legal e a criação de condições para a implementação da monitorização.

É necessário aperfeiçoar o sistema e a metodologia atualmente observados, a fim de melhorar o planeamento das terras de cultivo no soum.

É mais conveniente que a especificação básica do plano, o plano dos grupos que utilizam as terras da área e o esboço à mão livre que são adoptados pela Reunião de Representantes dos Cidadãos sejam aprovados e implementados tendo em conta a procura e as necessidades das pessoas (posse, propriedade ou utilização da terra) e as condições naturais e climáticas com base no plano a médio prazo, processado e aprovado pela Reunião de Representantes dos Cidadãos. Está intimamente relacionado com o princípio da continuidade com o contexto atual do planeamento, por um lado, e com as caraterísticas de ser flexível, possível e compreensível de acordo com a natureza, o clima, a sociedade e a economia, por outro lado.

As medidas abaixo mencionadas devem ser implementadas para aperfeiçoar o planeamento territorial do soum. Incluindo:

1. É necessário aprovar oficialmente que o fundamento básico para o plano de gestão das terras no soum é o plano de coordenação e o desenho da parte e da área de cultivo. Por um lado, deve descrever a situação climática e da criação de animais desse ano de forma atual e, por outro lado, tem a possibilidade de ser implementado a um custo relativamente baixo em termos de tempo, capital ou finanças.

2. Para o efeito, é necessário legalizar e aprovar o plano de gestão das terras do soum através de um plano anual e de médio prazo. Quando se analisa o plano atualmente aprovado pela Reunião de Representantes dos Cidadãos do soum, a maior parte das questões são questões de propriedade e posse, tais como terras

de vedação, hortas a possuir em determinado ano, terras sob os bairros de inverno e primavera e campos de feno a utilizar. Por conseguinte, é necessário descrever a localização das terras de cultivo a serem trocadas e relaxadas, o prazo e a pessoa responsável, exceto as questões de propriedade, posse e utilização das terras desse período que foram especificadas. Este plano anual do soum deve ser simples e compreensível.

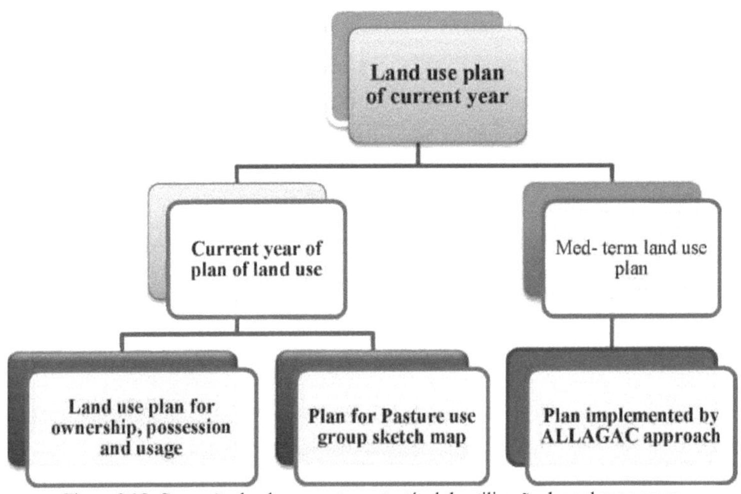

Figura 3.15; Conceção do planeamento sustentável da utilização dos solos no soum

Mas a metodologia aprovada pelo Departamento de Posse de Terra, ALAGAC, que está a ser observada agora, pode ser usada para o desenvolvimento de planos de médio (4-6 anos) e longo (mais de 10 anos) prazo. É mais conveniente que os planos a médio e longo prazo sejam elaborados por uma equipa profissional. O plano anual pode ser desenvolvido e implementado de acordo com a direção principal do plano a médio prazo. É necessário descrever no plano de coordenação de terras, aprovar o esboço à mão livre e o plano de coordenação das terras da área da parte pela Reunião Pública de Cidadãos do grupo, tendo desenvolvido pelo plano anual ou de médio prazo e diferenciar o plano de gestão de terras da soum pelo seu termo. É necessário regulamentar pormenorizadamente as relações de posse, utilização e proteção das terras de pastagem através de uma lei independente e criar um ambiente jurídico que permita a formação de uma gestão das terras de pastagem em conformidade com as condições da Mongólia e orientada para a utilização adequada das terras de pastagem.

REFERÊNCIA

1. Avaadorj D., Baasandorj Ya. (2006). Alteração das caraterísticas físicas do solo das pastagens e degradação ecológica. "Aperfeiçoamento da gestão das pastagens" Actas da conferência teórica e prática, Ulaanbaatar.
2. Gerlee,Sh. (2012). Melhoria do soum para o planeamento de terras de pastagem.
3. Gerlee.Sh. (2012). "Resultado da investigação para o planeamento de terras de pastagem na zona de Gobi" gestão de terras - conferência de 60 anos, Ulaanbaatar.
4. Dash, D., Mandakh, D., e Khualenbek, A. (2006). Mapa de desertificação da Mongólia.
5. D.Dorligsuren, (2011) Organizações autónomas de pastores na Mongólia. IX Congresso Internacional de Pastagens, Diversas Pastagens para uma Sociedade Sustentável. Rosário, Argentina,
6. Dorligsuren, D. (2006). Aperfeiçoamento da gestão das pastagens "Aperfeiçoamento da gestão das pastagens" Actas da conferência teórica e prática, Ulaanbaatar.
7. Jigjidsuren,S. (2005). Gestão de áreas de cultivo.
8. Erdenetuya, D. (2006) Monitorização das pastagens por satélite. "Perfecting of pasture management" Actas da conferência teórica e prática, Ulaanbaatar.
9. Fernandez-Gimenez, M. (2002). Spatial and Social Boundaries and the Paradox of Pastoral Land Tenure:A case Study Erom Postsocialist Mongolia Human Ecology, 30(1):49-78.
10. Fiona Flintan, (2012) Making rangelands secure: Past experience and future options.
11. Hardin, G. (1968). The tragedy of the commons (A tragédia dos comuns). *Science,* 162:1243-1248.
12. Livelihood Study of Herders in Mongolia, 2010, Mongolian Society for Range Management,
1 3.lkhagvajav N. (2006) Estudo do controlo das pastagens. "Aperfeiçoamento da gestão das pastagens" Actas da conferência teórica e prática, Ulaanbaatar.
14. Gestão do uso da terra. FAO, 1993.
15. McLean, K. (2001). Uma avaliação da descentralização na Mongólia. Banco Mundial, Washington, D.C
16. Natsagdorj L. (2006). Questão da avaliação do fator climático da degradação das pastagens (desertificação) "Aperfeiçoamento da gestão das pastagens" Actas da conferência teórica e prática, Ulaanbaatar.
17. Instituto Nacional de Estatística (2008). *Anuário Estatístico 2007.*

Ulaanbaatar.

18. Instituto Nacional de Estatística (2009). *Anuário Estatístico 2008.* Ulaanbaatar.

19. Serviço Nacional de Estatística e PNUD (2004). *Mongólia*

20. Open Society Forum (2004). The Future of Nomadic Pastoralism in Mongolia (O futuro da pastorícia nómada na Mongólia):
Inquérito à perceção do público. Open Society Forum, Ulaanbaatar
21. Pat Johnson, Jim Johnson. "Principles of Grazing Management". 2010.

22. boletim estatístico da Mongólia. (2010) Ulaanbaatar
23. boletim estatístico da Mongólia. (2011) Ulaanbaatar na Mongólia
24. Tserendsah,S. (2006). Gestão da utilização de pastagens
25. Chognii,O.(1985). Abordagem tradicional da gestão das pastagens na Mongólia
26. Banco Mundial (2006). *Avaliação da Pobreza na Mongólia,* volume do Relatório nº 35660
MN. Ulaanbaatar.

I want morebooks!

Buy your books fast and straightforward online - at one of world's fastest growing online book stores! Environmentally sound due to Print-on-Demand technologies.

Buy your books online at
www.morebooks.shop

Compre os seus livros mais rápido e diretamente na internet, em uma das livrarias on-line com o maior crescimento no mundo! Produção que protege o meio ambiente através das tecnologias de impressão sob demanda.

Compre os seus livros on-line em
www.morebooks.shop

Printed by Books on Demand GmbH, Norderstedt / Germany